书知Q心

亲情操纵者

LES PARENTS MANIPULATEURS

Isabelle Nazare-Aga

[法] 伊莎贝尔·娜扎雷-阿加 著　解婷 译

生活·讀書·新知 三联书店 生活書店出版有限公司

Les Parents manipulateurs by Isabelle Nazare-Aga ©2014, Éditions de L'Homme, Groupe Sogides inc.(MontréalQuébec,Canada.)
This Simplified Chinese edition is published by arranged through Dakai Agency.

图书在版编目（CIP）数据

亲情操纵者 / (法) 伊莎贝尔・娜扎雷—阿加著；
解婷译 . -- 北京 : 生活书店出版有限公司 , 2019.7
ISBN 978-7-80768-296-7

Ⅰ . ①亲… Ⅱ . ①伊… ②解… Ⅲ . ①病态心理学 - 通俗读物 Ⅳ . ① B846-49

中国版本图书馆 CIP 数据核字 (2019) 第 074851 号

策 划 人　李　娟
责任编辑　冯语嫣
封面设计　视觉共振设计工作室
版式设计　申亚文化
封面插画　罗可一
责任印制　常宁强
出版发行　生活书店出版有限公司
　　　　　（北京市东城区美术馆东街 22 号）
图　　字　01-2017-4877
邮　　编　100010
经　　销　新华书店
印　　刷　河北鹏润印刷有限公司
版　　次　2019 年 7 月北京第 1 版
　　　　　2019 年 7 月北京第 1 次印刷
开　　本　880 毫米 ×1230 毫米　1/32　印张 10.625
字　　数　175 千字
印　　数　00,001-10,000 册
定　　价　52.00 元
（印装查询：010-64052066；邮购查询：010-84010542）

引　言

在我的职业生涯中，就操纵者这一主题，我曾出版过两部面向广大读者的作品，均引起了强烈的反响。书中呈现了一些在人们相处中有害且具有破坏性的关系，这些关系可能涉及爱情、家庭、友谊或是职场。几十万读者表示，看完书中的描述后，立刻在里面找到了自己的影子。20 年来，关于很多人跟那些病态的人一直保持着这样的有害关系且得不到任何改善，我分析过多种潜在原因。这些原因分析集中于两个核心问题："他们能够容忍此种关系的原因。""当事实每天都在表明这个人有多疯狂时，他们是如何做到长期保持视而不见的？"

操纵者——无论男女都有一个特点，即当处于社交场合时，他们是不会露出真面目的。相反，他们的伴侣以及孩子却经年累月地经受着暗地里的创伤。这样的创伤会在其中大部分人身上制造出身体、精神及行为上的一些不可思议的症状。受害者会出现质疑自己的倾向，然而问题的根源其实是在别人身上。

1997 年我出版了我的第一本书，在书中我定义过 30 种操纵者身上具备的特征，每一个操纵者至少有这 30 种特征中的 14 种。可是他们的行为、言辞和态度会随着他们实施控制的范围不同，而相应发生变化。在 2000 年，我曾描写过他们处于不同状态（恋爱 / 单身，已婚 / 未婚，已育 / 未育）时的不同生活方式。然而，涉及孩子时，他们又会表现出一种固有模式。这正构成了本书的主题。

那么，本书目的何在？一方面，我希望通过一部分人的案例，给那些可能拥有控制型家长的人提供充足信息，以便他们最终能够道出他们所经历的困难。另一方面，我认为能从临床角度认可此类人群存在是有意义的。要做到这一点，需要卫生领域、社会服务及司法行业的从业人员共同付出努力。

每当我去征询某个家庭里是否存在着控制型父亲或母亲时，总是会发现控制型母亲的数量是其他控制型家庭成员数量的五倍。这一点并不让我意外。

但，单凭此点就推断出控制型母亲的数量要多于控制型父亲，未免有些操之过急（反之，若是变态型人格，即 pervers de caractère，则 90% 涉及男性群体）。确实，我们需要保持谨慎，切勿把揭露出来的案例数量和真实情况混为一谈。有人揭露出某个现象或一些病态人格，但这并不意味着我们的社会一定大量存在着这样的人。

那么，为何涉及控制型母亲的倾诉会特别多？当人们意识到母亲未尽到职责，未付出无条件的爱时，似乎对于创伤和情感的记忆就会很鲜活。在控制型女性身上，往往缺乏我们认为正常的母性本能。在精神病学中，我们把控制型女性称为自恋型人格。时至今日，观察到此类案例令我们感到沉痛，然而它们仍旧难以激起人们对于“子女缺乏来自父母的爱”这一话题的讨论。而“父母对子女进行精神虐待”那样的话题就更是禁忌。人们总是说：“所有的父母都爱自己的孩子”“所有的父母都想把最好的给予孩子”……很不幸，这得看是什么样的父母！

本书将帮助那些孩子们去认识到，他们在父母亲身上注意到的某些行为、言语、意图正是属于某种病态人格。看到这一恶劣事实的各方各面，大概会让未曾有过类似经历的读者感到困惑。

与当事人通常要求匿名这一惯例相反，本书中的部分成年当事人要求保留他们的名字。这样做，一是希望让周围的人意识到他们不曾言说的遭遇。另一个动机在于，以此来促使社会更加关注不被关爱且其父母具有毒害性的孩子们，从而使他们感到自己有价值。有的人从中感受到很大的宽慰，而有的人则表示“焦虑不安”……所有案例均详细清晰，尽管部分事件已经过去了40多年，这些鲜活的案例依然给我的言论提供了养分。

“政治正确”这一规矩要求我们宣称这种病态存在于所有社会阶层。然而事实证明，具有控制狂倾向的超级自恋者并非存在于任何社会阶层。此类父母珍爱自己的形象和金钱胜过一切，孩子并非他们的首要牵挂。反之，孩子却可以成为他们用以增强自恋情感，从而对自己感到安心的工具。他们是如何去做的？而我们又当如何辨认出他们来？

家庭里有控制型家长时，通常会导致亲子关系出现一些障碍。本书中揭示了这些障碍的典型 / 常见症状。当父母是控制型家长时，我们会观察到如下常见情形：高压下的家庭聚会、父母抵触孩子的喜悦和幸福、父母倾向于让孩子们远离爱他们的人。那些贬低孩子的话语这时往往会派上用场，那本是父母们很少在公共场合说出的话。

控制型家长会从根本上打击孩子的自尊。然而，有的家长也会对不同孩子进行区别对待，要么提供特权，要么让其遭受拒绝。我的分析所基于的案例中，既有来自青少年的，也有来自成年人的。唯有拉开一定的距离之后，这些成年人才意识到，父母某种深深的吝啬或者奇怪的计较能够在某些情况下给子女造成破坏，例如有害于其大学学业。

此外，控制型家长对自己的后代缺乏同理心这一点也令人费解，因为他们对待别人时是不乏同理心的。具有此种人格的个体在公共场合中可自行控制自己的某些方面，到了私底下就完全放任了。多么掩人耳目的假象……他们周围的人很少意识到他们的言辞是多么具有侮辱性，多么前后不一且不合理，他们的行为又是多么反常。造成这种盲目的原因之一是，操纵者的说谎能力强，善于故弄玄虚，或者能够非常镇定地肯定某事，以至于没有人产生怀疑。

控制型家长的另一典型特征是，在孩子生重病受苦时表现出冷漠甚至是怀疑。相反，控制型母亲却倾向于夸大自己健康上哪怕最微不足道的问题，并常常宣称自己“疲惫”。

我同样还破译了控制型父母的多种招数。通过这些招数，他们利用孩子滋养了自己极大的自恋需求。

部分极端案例虽不常见，却也不在少数。这些案例多见于控制型父母同时还具有变态型人格的时候。我将会讲述几例令人困惑的故事，它们展示出了这样的父母令子女承受着怎样的惊恐。

最后，我会把关注点放到受害者身上。长期同控制型家长生活在一起会带来怎样的后果？要如何包扎伤口，减轻后遗症，并保护自己免受新的打击？有多种方法可以帮助人们彻底走出来，或者至少帮助人们弱化或抵消控制型家长的影响力。

但是，欲懂得如何合理应对控制型家长的言语和行为，必须首先准确地确定其特征，了解其人格。我希望可以给大家提供用于识别的所有工具，并最终给这一持续了太久的痛苦画上句号。

目 录

第一章

识别控制型家长

repérer un parent manipulateur

一位指责孩子把自己单独留下的母亲是控制型母亲吗？一位在公共场合辱骂或贬低自己儿子的父亲是控制型父亲吗？不一定。某个人爱指责、撒谎、掩饰、虚伪等言行均可概括为“操控”二字，但这些并不一定意味着此人是“操纵者”。

家长是在管孩子还是在操控孩子，这之间的区别在于操控频率的高低及操控手段的多寡，父母是否通过一些手段来巧妙地贬低孩子，以达到操控、利用他之目的。若是一位控制型家长，他会通过时而打击孩子的自尊，时而要求孩子过早地自治来对其实施控制。在所有案例中，孩子都缺乏爱。此外，家长还会有这样一种惊人的态度——使孩子相信父母的优越性和正当权利，这给孩子造成了精神错乱，令孩子心生负罪感。而家长就犹如君王一般统治着周围的人。他的心情决定了家庭氛围。即使他具有侵略性，周围的人却察觉不出由此产生的不安全感。

有的人可能在社交、职场中接触到他人的控制型父母，并挺喜爱此人的。但在控制型父母的抚养下长大却截然不同。对于子女而言，不存在与这样的有害个体间的“相遇前”和“相遇后”。在接受教育的过程中，这个孩子所面临的情形是其同事、邻居、朋友甚至是大家庭里的其他成员不曾经历过的。孩子与控制型家长间的关系日渐成熟，这样的关系构成了孩子受害者身份的组成部分。

即便如此，尽管真正的操纵者以及不知道操纵者是一种病态的人都爱说，大家都是操纵者，但事实并非如此。因此收集大量的表现、观察某些态度，以确定操纵者所处的状态，是很有必要的。

操纵者的 30 种特征[1]

想要识别某人是否是操纵者，不管他是你的家长、恋人还是周围的人，在其身上我们都应当能够看到操纵者的 30 种特

1 该清单即 1997 年 Éditions de l'Homme 出版社出版的《操纵者就在我们中间》（*Les manipulateurssontparmi nous*）一书中列出的那份清单。
这份 30 项特征清单的构成有两个依据。第一个依据是从 13 个方面对操纵行为的简单描述，出自魁北克专家 J.-M. 布瓦韦尔（J.-M. Boisvert）和 M. 博德里（M. Beaudry）在 Éditions de l'Homme 出版社出版的著作《自我表现与沟通》（*S'affirmer et communiquer*）。第二个依据是大量详尽描述的案例，这些案例来自我在医院做培训时的参与者，来自当地的小团体、公司或机构内部，当然也来自我的病人。

征清单上的至少 14 种。该清单曾发表在我于 1997 年出版的第一本书《操纵者就在我们中间》当中。这些是所有操纵者身上的典型特征，无论男女，不论年纪。并且我们能够在大部分操纵者身上看到这 30 种特征中的 20 多种！我在此提供一些实例，以便阐释这些特征，当事人多为控制型父母的子女。

1. 他以亲情、友情、爱情、职业道德等为由来令他人有负罪感。

青少年时期，我曾十分叛逆。我和我母亲时常讨论、争论，可最终总是我放弃我的计划，因为她总是利用如下风格的理由来让我觉得内疚："好吧，我让步，你可以出去，但你要知道我晚上会睡不着，要是我明天感到疲惫，那就是你的错。"

2. 他将责任转嫁给他人，或推脱自己的责任。

我母亲让我对很多事感到内疚。以下是令我印象深刻的一件：她在乡下拥有一所房子，是从她父母那里继承来的。我年幼的时候很喜欢去那里，帮忙打理花园。可是后来进入人生另一个阶段，我感到需要更多地跟朋友外出，假期出去旅行。我弟弟也几乎不再去那里了。在我父亲快满 70 岁的时候，母亲考虑到打理花园尽管是父亲的乐趣，但这份工作也太累人了。于是她要挟我说："要么你经常过来帮助我们，要么我就把房子卖了！"通过把维护花园的责任转嫁到我身上，她让我感到内疚，因为我很清楚卖房子这个主意会让父亲不开心。

3. 他不清楚地说出他的要求、需要、情感及看法。

“他们在一起都那么久了，他还不向她求婚，这真是奇怪，你不觉得吗？大家都在寻思他到底爱不爱她……”

4. 他的回答常常是含糊其辞的。

每次我打电话给我母亲，告诉她我想去看看她，她都会回答说：“不是我要求你来的啊。你想怎么做就怎么做吧。”

5. 他会根据对象、场合来变换他的想法、行为、情感。

她时常向我诉说她的想法，可当我提醒她有这些想法的时候，她却会否认：“不，我从来没这样说过。瞧！这并不符合情理！”

6. 他会找一些合理的理由来粉饰他的要求。

我母亲试图从我这儿得到一些照顾。例如，她会对我说：“如果你带我到乡下，我就能继续拔掉墙上的常春藤。你知道的，你的那些小植物就长在那里。我怕过不了几天你就找不到它们了……当然咯，要在不打扰你的前提下。在此期间，我可以去逛逛广场，跟邻居聊聊天。”

7. 他令别人认为他应当是完美的，从不该改变主意，应该无所不知，且应立刻回应要求、回答疑问。

当我还很小的时候，我母亲就强迫我回应她的话，并且要立即。我必须要给她答复和解释。现在，她会在我还没准备好的时候让我回话。我实在难以用易于理解的方式来正确地回答她。

8. 他质疑他人的品质、能力、人格：不动声色地批评、贬低和评价。

“如果你不明白你有多么任性反复，多么累人，多么让人难以忍受，那么我们之间的隔阂就会越来越深。我们将无法一起变老。”

9. 他让别人或通过其他媒介传递信息（他选择打电话或者留字条，而不当面说）。

“你跟你弟说，他来吃饭时不需要带着他的新女友了！”

10. 他制造不和、猜疑，为了更好地控制而离间他人，可能造成夫妻间的分裂。

度假时，如果他在，那就是我跟我丈夫将要吵架的标志。有时我们甚至争吵得很激烈，却不知道真正的起因：操纵者的恶意入侵。

11. 他很懂得把自己放在受害者的位置以博得同情（夸大的病情、周遭的人“难相处”、工作过于繁重等）。

“我得爱惜我自己。不然我会病倒的。对于目前的我来说，这是生死攸关的需求。我独自一人，再无其他，也没有忠实的伴侣来让我安心。”

12. 他忽视别人的要求（即使郑重托付给他处理）。

我让我母亲把我之前交托给她的离婚证寄给我。一个偶然的机会，她搬到了英国，搬家后她没能找到它。我不得不联系律师，花了 50 欧元开具了另一份官方文件。真是要谢谢你，妈妈！她之前根本就没找，因为事后某一天她突然就找到了……

13. 他利用他人的道德原则来满足自己的需求（人道主义、仁慈观念、种族主义、“好”或“坏”母亲等）。

我父亲很爱使用尊重原则，来让我抛弃我的那些小项目去照顾他、为他服务、陪伴他，甚至是当我们的讨论让他不愉快时，来让我闭嘴。然而他却不尊重我。

14. 他做出暗中威胁或公开要挟。

妈妈时常眼泪汪汪地离开家，并且说道：“我要去投河。”她消失后的那段时间内，我总是焦躁不安地期盼着她回来。

我是家里的老大，总觉得要对其他人负责……

15. 他完全转变正在进行的交谈主题。

但凡我让我父亲面对一个他不喜欢的主题时，他就会改变交谈内容的方向，随即指责我的种种不足以及知识空白，然而那跟我们最初的话题毫无关系。并且这一话题转变仅仅在30秒内就能完成！

16. 他回避交谈，避免团聚，或设法从中脱身。

我父亲总是对我说他不理解我母亲为何离开了他，我尽可能小心翼翼地提醒他，他们相处得并不愉快。他以前经常成天不跟母亲说话，哪怕在母亲敢于回应他的时候。他却坚持认定不是那样的。我不认同他，可是在我（平静地）继续讲述前，他就会终止这一主题："好吧，既然你不认同，我们就没必要谈论这一话题了！"

17. 他寄希望于他人的无知，并令人相信自己的优越性。

我父亲负责检查我的家庭作业。他总是表现出懂得我所有练习的样子，无论涉及物理、化学、数学、英语、德语还是其他很多学科，可是后来我发现他有很多知识上的空白。

18. 他撒谎。

我父亲会为非常普通的小事撒谎，例如矢口否认我们约定的乘船时间！在此种情况下，他会大声叫嚷说是我错了，可其实事实是相反的……如果我坚持还原真相，他会叫嚷得更大声，或者能赌上几天气。

19. 他以虚伪的方式设法知晓真相，随后曲解、阐述。

我的母亲和我住在同一栋楼里，时常设法获得关于我生活的消息："我想你上个周末休息了，是吧？你该歇歇了。"我之前外出了两天没跟她说。由于她察觉出来了，于是她设法弄清我去了哪里。如果她不是操纵者，那么当我带着晒黑的皮肤回来时，她本可以直接问我去了哪里度周末！

某天早上，我母亲突然开始解释她之前所说的"隐言"所指何事。实际上，她花了很长时间来指责我对我的孩子们说了一些可怕的事。其实我跟孩子们讲述时的措辞是斟酌过的，但母亲仍执拗地重提这一令她不快的话题。

20. 他以自我为中心。

我的父亲还有另一个"家"。我 15 岁时意识到了这一点，可我的母亲却一无所知（抑或是她不想知道……）。父亲当年经常出差，并且花掉很多钱：下馆子、出游、休闲、买摩托车等等。父母的银行账户是分开的，母亲管理着她能够管理的全部收入以维持家庭运转。纵然如此，账户也总是透支，母亲不得不在所有方面都勤俭节约。

21. 即使他是你的家长或伴侣，他还是会嫉妒你。

我父亲曾经嫉妒我跟我的新婚妻子所拥有的东西（车子、房子等）。然而我们当时尚未完成学业，没有就业。我父亲直截了当地对我说："在你这个年纪的时候，我们已经工作了，可我们却不像你拥有那么多东西。"

22. 他受不了别人的批评，且会否认显而易见之事。

大概在 13:00 ~ 16:30 之间，她替我照看了儿子。我是在 13 点喂的奶。因为儿子乳糖不耐受，我拿出了一些麦片跟特制牛奶还有水果混在一起，要是他渴了就可以喝。然而，我母亲向我坦白说她给他喝了全脂牛奶（脂肪含量达 3.25%）。她固执地想向我证明宝宝完全没有任何反应！很显然，宝宝在 18:30 ~ 21:00 之间腹泻了……我母亲当时不在场，没有看到。当我和她讲起这件事时，她回答我说："如果我没告诉你，你都不会知道！"然后还补充说："别再内疚了。"并非是我坚持为我孩子的乳糖不耐受感到内疚，问题在于她就是要否认事实，甚至想改变现实！

23. 他无视他人的权利、需求或愿望。

起初的一段时间，我母亲反复跟我说，等我去世的父亲账户上的定期存款可以取了之后，她就办理资金转让。她不需要那么多钱，打算把总额分成四份（她、我还有我的哥哥和妹妹一人一份）。那之后的第三天，她开始准备进行一些“无意义却昂贵”的工程，这些工程是之前她跟父亲一起计划的。她说她有责任在条件成熟时就实施！所以，她就再没任何东西可跟孩子们分割了……

24. 他经常到最后时刻才来要求、命令或让他人行动。

每次我父亲答应跟我一块外出，他总是能在距离预计出发时间只有一小时甚至一分钟的时候，找到一个很好的借口来取消这次出行。

25. 他的说辞听上去合理且前后一致，可他的态度、行为或生活方式却是相反的做派。

祖母常对人说她思念孙子们了。可是当孙子们在时（这很少见，因为她并不招呼他们去她那里，也不来看他们），她最多照看 10 分钟，就把他们交托给孩子的祖父或其他人，自己去厨房里忙活或者去做别的家务，不再管孙子们了。

26. 他会说些奉承话来让我们高兴，会送礼物或突然对我们关怀备至。

当我们还是小孩时以及我们进入青春期之后，我们的父亲都很少关注我们的生活。但自从他和我母亲离婚后，他就开始送一些昂贵的电子产品给我们。

27. 他制造出一种不舒适的状态或不自由的感受（陷阱）。

在将近 20 还是 25 岁的时候，我开始倾诉我的情感及性生活（一些满足性欲的约会，使人对爱情的期望很快破灭），我母亲当即就开始哭！可我还没跟她说什么大事呢……我被迫总结出来，根本就什么也不该跟她说。

28. 在达到自己的目标这件事上，他很有效率，但却损害了他人的利益。

我是一名医生。在几年时间里，我母亲曾要求我（并且我接受了！）定期给她签过字的空白处方……这样，她能自己开一些她想要的药（值得一提的是，她表现得比我更懂医学，甚至在家里就医学问题跟我唱反调）。这些处方赋予了她很大权力，于是她在药剂师面前卖弄起来。药剂师们并没有上当而是感到尴尬。事实上，如果药剂师发现某份处方有异常，有造假的嫌疑，那么他有义务不卖药品。她很享受他们察觉之后的左右为难。药剂师们不想惹客人不高兴，可是也不想犯错误。

究竟是什么原因让我做出这样的事情？我本人很厌恶不合法的事。如果有人问我："你同意在空白的处方上签字吗？"我本会坚决拒绝。我母亲并没有坦率地一气儿提出要求：她首先让我给她开一份处方，我很乐意地接受了。随后她又说："我忘了让你写上一盒阿司匹林了。我可以加上吗？"然后是："我不想每次都打扰你，你可以给我留一张空白的处方吗？这样的话，如果我需要加入某个药品，字迹就不会不一致了。"再然后是多张处方……她就像这样一点点地让我失去了警惕性……

29. 他让我们做一些若是遵照自己的意愿，不太会去做的事。

我们每年都会陪我父母一到两周，然后再陪我爱人的父母一到两周。然而，我们与双方父母各自相处的模式有着明显区别。我们每次外出，我父母都要跟我们一起。五年前，考虑到这样的出行需求，我们甚至决定买一辆七座的车！

30. 即使他不在场的时候，他也不断成为认识他的人之间谈论的话题。

我和我姐姐察觉到我们总是在谈论我们的父母，有时甚至会占用我们碰面时间的几个小时。他们总跟我们中的一位说某件事，却会跟另一位说相反的情况。当我们意识到这一点，就会引发无止境的讨论，我们总会试图弄懂他们这样做的意义和目的……

正如以上所述，我们称之为“操纵者”的某个人，会表现出该特征清单中的至少 14 种行事风格。

操纵者 30 种特征的基础清单适用于男、女、老、少全体。诚然，继续谈论这一清单于我而言会更轻松一些。可是，操纵者某些方面的病态似乎仅在特定的背景中表现出来。例如，在夫妻关系中，控制型伴侣会孤立自己的配偶，尽可能限制其接触喜欢的人，这样便可让对方更多地处在自己的控制之下；在我看来，这一做法在控制型伴侣身上发生的概率为 80%。然而这种特征在社交或职场环境中却不具备太大意义。即便在职场中，我们有时会说到将某人晾到一边。在这种情况下，隔离猎物并非操纵者将其留在身边的一种手段，也并非为了增大情感控制力；相反，正是为了让其离开。同样，控制型家长会通过金钱来奖励或者惩罚成年的孩子，奖惩依据为家长感受到的情感。但他不会去对例如邻居这样的社交对象使用这一手段。

你会注意到，放到任何背景下，这些特征既不正常，也不成熟，也不符合一个稳重之人的言行。

此外，无论控制者是父亲还是母亲，上述提及的特征并无差异。有时，他们的控制策略会有所不同，我们将在本书中看到这一点。当我们观察到这些行为在孩子的生命中过早出现时，难免令人悲伤。很多当事人从 4 岁起，记忆便被刻下了印记。

操纵者是病态的吗？

身为操纵者，但有时不实施操控手段，这该归入病理学领域吗？我的答案是肯定的。

很长时间以来，精神科专家都很熟悉用于描述这一病态的准确词语：自恋型人格。这是一种人格障碍，需与性格区别开来，例如羞涩的性格。羞涩和社交焦虑是可以治疗的。确切地说，有此症状的人并无意识障碍。他们的社交障碍——更多是对自己的错误评估——折磨着他们。他们知道也承认他们的障碍。如果他们知道这是可以治疗的（通过认知行为疗法），他们就会去看医生，并努力从障碍中走出来。

相反，自恋型人格是无论如何都不会承认自己有精神障碍的！即便你记录他的行为或者录下他的话语，操纵者都会否认，并毫不犹豫地指责你观察了他，更糟的是，他会指责你在未经其同意的情况下搜集了证据！所有的操纵者都会因为你的善于观察、正直、逻辑清晰和聪明而指责你犯了错。一旦你不绝对确信你所看到的和听到的，一旦你对自己缺乏信心，操纵者就会以最自然的方式承担起“搅乱你的脑子”这一任务。这一表达或许有些奇怪，可这类人格障碍的受害者们常常使用它。你的理性将会遭到破坏，操纵者的目的在于让你接受一些错误的、反常的或是疯狂的事。

换句话说，操纵者意识的病态，对现实的扭曲，他的话语，以及随之做出的决定，成了他所制造的团体内部的常态。这个团体便是家庭。然而，他还会制造出其他团体：在工作中、在其社交圈里、在某个群体中、在一组朋友内部……来猜一猜谁会左右团体内部的决定呢？正是他。时而公然摆布，时而暗中操控……

在一部介绍精神障碍诊断标准的参考著作《精神疾病诊断与统计手册》（第四版）（*Diagnostic and Statistical Manual of Mental Disorders IV*）中，对于自恋型人格的描述如下：

“普遍模式为夸大幻想或行为，需要被倾慕，自成年早期开始便缺乏同理心，这些特质会在不同环境中显现，例如会展现以下行为中的至少五个：

● 高估自己的重要性（例如高估自己的成就和能力，没做什么实质性的事却期待着被认可为高人一等）；

● 满脑子里都是对无尽的成功、权力、荣耀、美貌或理想爱情的幻想；

● 自认为是“特别的”、独一无二的，只有不俗的或高水准的组织和群体才能够接受并理解他；

● 表现出对于他人倾慕的过度需求；

● 认为一切都是自己应得的：毫无理由地认为自己该得到特别优待，认为自己的欲望必然该被满足；

● 在人际交往中利用他人来达到自己的目的；

- 缺乏同理心：不乐意去认识到或者去分担他人的情感以及需要；
- 经常嫉妒他人，并认为别人嫉妒他；
- 表现出狂妄和傲慢的态度和行为。

在法国，精神分析学家们通常不会参照这些标准，认为它们更像是一些标签。相反，遵循这些参考标准（精神分析法）的从业人员并不一定是精神病专家或心理学家，他们称呼操纵者或自恋型人格为自恋型变态人格（PN）。

我个人认为北美使用的“操纵者”这一术语对于大众而言会更加清晰一些，但要知道它与自恋型变态人格所指的是同一类人格。

我更乐意继续使用“操纵者”这一术语，它在全世界范围内得到公认，用来指有病态机能的个人，能够通过让周围的人相信自己是一个天使，从而给他人制造多种损失！

阻碍识别的因素

我在从业过程中遇到的大部分被操纵的受害者，以及其他一些给我写信的人均为没有更早地识破、更早地理解这一状态而难以原谅自己……

很多受害者，无论男女，均在他们生活中的诸多方面表现得聪明、思维清晰、坚忍不拔。大部分人在拿到学位后都从事着不错的职业，甚至身居高位、颇具威信。因此，本书中提到的当事人亦是如此。所有人都有一个共同点：他们阅读了我关于操纵者主题的前两部作品，以萨布丽娜为例：

一位朋友偶然跟我聊到了操纵者这一话题，于是我想找一本相关主题的书来看，然后我发现了你的著作。让我震惊的是，我在里面读到了对我母亲的描述！那真是一种顿悟。我感到终于能够解释，至少是部分解释我过去的家庭关系了。这一启示变成了我的动力，去寻求通过心理疗法治疗自己的心理状态，并让我在治愈的道路上又前进了一步。如今，在32岁的年纪，我继续保持阅读心理学领域的书籍，以求每天都在治疗我童年阴影的道路上获得或大或小的成功，并且避免重新陷入过去的怪脾气之中。

萨布丽娜终于能够诉说她所经历的事了！终于能够言说那些难以言表之事了……隐情被揭开："该死！我怎么就从来没想到过呢？是对方病了！"

仿佛拼图游戏的碎片当时就在桌上：只需将它们拼凑起来即可获知真相！它是如此简单，如此显然！

然而并非如此。如若真是如此显然，如若我们如此明了地意识到那些态度——那些疯狂的、反常的、与现实错位的言语，那些负罪感，那些掩饰，等等，都是拼图游戏的要素——那么我们所有人早就能想到将它们拼凑出一幅画面，一幅明确的、精细的、符合逻辑的作品了。可哪怕是负责确诊的可怜医生们也没有意识到，某个表象其实是一个整体的组成部分，还应当去寻找其他碎片。

为何如此盲目?

这个问题有多个解答。以下是我在20年的从业经验中最常观察到的原因。

你知道他们就在我们中间吗?

你们当中谁手上有《精神疾病诊断与统计手册》（第四版）中对于自恋型人格的描述、操纵者的30种特征清单或对自恋型变态人格的描述？又有谁之前了解、学习过，但是没有重视？

我的一部分客人是精神卫生类从业人员，其中有心理学家、医生、精神病专家、医疗辅助人员、护士、精神分析学家，但却没有人了解……至于我个人，我从未接受过关于自恋型人格的教育。在学习过程中，没有人告诉过我和我的同学们，我们将会接收到这类患者的咨询，他们因为日常生活中存在着一位具有自恋型人格的人而深受其害。没有人提醒过我们。现今仍是如此，医生、心理学家、心理治疗师、精神病专家还是没有这方面的信息。没有人教过他们。并且很不幸，只有少数人会通过继续阅读同行就他们的发现、思考出版的专著或发表的文章来自我培训。病人不知道，并非所有的精神卫生从业人员都知晓业内的最新发现。

操纵者看似寻常人……

还有一个严肃的答案能够解释，你为何会对那个理应爱你之人的精神病理学面目如此盲目。这个答案就藏在该病症对外表现的典型模式里：操纵者看起来完全正常！一位当事人如是说：

我母亲并不一直都是操纵者。某些日子里，她表现得完全正常、自然，于是我寻思是不是我自己胡思乱想。然后我对自己说没必要停留在之前的错误想法里了！我带着怀疑来，随后又带着疑惑离开。有时，怜悯之心又占了上风……

自恋型人格之人的智力层面和社交层面并未受损。相反，操纵者很懂得利用它们！

操纵者通常是聪明的。这一病态与智商无关。部分操纵者甚至天赋过人，其他的则可能稍微有些笨（可其周围的人在几十年间也未曾察觉）。从社交的角度看，操纵者——无论男女——都懂得并吸收了各种准则。女性操纵者懂得要将口红和衣着的颜色搭配起来，而男性操纵者也知道要给其想追求或者感谢的女性送花（而不是一个雪茄盒）。换句话说，一个有着病态自恋型人格的人是能够“像所有人一样”融入社会的！

那为何还要去想操纵者正常与否？看上去难以适应社会的操纵者往往还患有其他障碍：要么是另一种人格障碍，例如偏执；要么是稍微轻一些的障碍，例如社交恐惧症或强迫症（TOC）。但本书中关注到的病患群体不属于此类。

你愿意相信的事……

在阻碍你保持清醒的障碍中，你的信仰是首要因素。我并不是在谈论宗教或者社会信仰。后者无疑是通过我们的父母，但更是通过整个社会归纳得来。父母将他们所信仰的东西传递给了我们，而社会培育了我们。观念、文化、宗教、社会经济阶层、时代及其风尚、家庭的政治地位还有个人的性别都将在很大程度上对我们的信仰体系产生影响。显然，我们也能够基于某个或某些个人经验来对世界局势、对我们自己乃至对未来发表意见……

这些信仰、自动思维、对事物的解读、自言自语、内在交谈和认知图式构成的整体被称为认知。简而言之，认知代表着你有意识或无意识的想法、你的原则以及或深或浅的信仰。

以马蒂娜为例，她留心地记录下了她被以下情形触发的情绪以及一系列思绪：

我看到我的语音信箱里收到了一条我母亲的留言，当时我已经三四天没有她的消息了。在听留言之前，我感到自己很焦虑（焦虑度7/10），内疚（程度在8/10到9/10之间），不舒服(7/10)，还感受到一种不自由的感觉（9/10）。

事实上，我心里想（认知）："我母亲肯定是想知道我在哪里。她将要说出让我因为没有经常去看望她而感到内疚的话。她会觉得我不好。她会对我心生不满。她或许会伤心，而这是我的错。最糟糕的，是每个周日（因为我不用上班，所以更该去看她)。换作我父亲，是绝不会疏远她或忽视她的。他是如此具有奉献精神、同情心和同理心。我应该像他一样，对有依赖性的老年人有怜悯之心，这是必须的。我不该首先想着自己的幸福。我母亲窥伺着我以猜测我对她的关心是不是假的，我是否对她隐瞒了什么。她不信任我。我中计了。"

操纵者像你一样清楚社交中的正确行为准则。他能毫不费劲地观察到你对这些准则的遵守情况，然后很快就能看出什么对你是重要的。他能确定你的道德观念、正直程度，你的社会及个人价值、你的原则、你的疑虑、你的底线、你的自责倾向、你是否害怕打扰他人、你是否会抬高自己，还有你的评价标准。他会截获你的信息，看看你是不是完美主义者，你是否惧怕你的口碑不好，你是否对他人的不幸富有同情心，当然还有其他很多人格特点。所有具有自恋型人格之人都有一个特别之处，他们会利用观察到的东西来针对你，以达到抬高、彰显自己的目的。自恋型人格能够为了动摇你而对你说出一些完全错误的荒谬言辞，可这并非他真正目的所在。贬低你、动摇你，让你发怒、生气、焦虑、崩溃都只是一种手段！他有能力在别人身上制造这样的反应（例如在家庭团体中间），是要让这个人感到他很强大。他感受到影响他人的能力带给自己的乐趣：于是他追逐这种能力，而不惜损坏平和、幸福、共同的喜悦以及和谐……自恋型人格患者有极大的能量来使这一切失衡，几秒钟之内便能给他人制造出负面情绪！

这是出于什么原因呢？为了增强自己的自恋程度，为了给自己一种高人一等的短暂幻象，哪怕在面对自己的伴侣或孩子时亦如此……

因此，回到我们社会所传递的信仰这一话题，那些认为“父母想把最好的都给予孩子”，还有“父母总是希望孩子比自己更好更优秀”的想法，在这种背景下就是错误的。

这样的小孩不在少数——他们在长大的过程中不曾质疑过上述格言，尽管有多种证据表明他们没得到来自父母的爱，甚至未来的成功也遭受破坏。就算你花上几十年去等待你的基本信仰（“父母首先是父母，他们只会想要把最好的给孩子”）获得一个肯定，你还是得不到。

认知图式也属于认知。部分图式已经形成，它们将你封闭在刻板的、固有的行为模式之中。认知图式是深层的、无意识的。这意味着它隐藏在信仰以及自动思维之中。

有两种认知图式曾被阿尔贝 · 埃利斯（Albert Ellis）收录，而在吕西安 · 奥热（Lucien Auger）[1]的优秀著作《自助》中又再次被提出。具有这两种图式的人，如磁铁一般吸引着操纵者。

我将把第一种图式称为1号图式，可以这样来描述：“对于一个成年人而言，必须要被其周围所有人（或者几乎所有人）爱、肯定、尊重、欣赏，无论这些人是否重要。”

如果你曾有过或者现在仍有这一思维图式，不惹人讨厌这一需求在你那里会是首要的。想象着需要被几乎所有人喜欢（也就是说甚至包括操纵者）才能好好生活，这自然会让你服从一系列其他信仰，例如：

- 讨人喜欢，而不只是不惹人讨厌。
- 表达自己的需求、底线、拒绝、不满、反对等，会让自

1 吕西安·奥热（Lucien Auger），《自助》（*S'aidersoi–même*），Éditions de l'Homme 出版社，1974 年出版。

己不讨人喜欢。

● 如果我们令人讨厌，别人会无法接受我们。

● 别人无法接受的人和事将会引发冲突。

● 冲突非常可能导致关系破裂。

● 无法接受关系破裂。

● 如果我表达自己的需要（要求）、拒绝、不满（批评）、意见，别人会接受不了，那么离关系破裂也就不远了。

1 号认知图式会造成什么样的直接后果？你会不敢于（也不懂得）自我肯定。这对操纵者来说再好不过了！其实现愿望的道路上就畅通无阻了……

第二种认知图式，也称 2 号图式，可真是操纵者们喜爱的点心，它可以如下形式表述：“必须要由内而外地具备能力，在所有自己擅长的方面达到自己的目标，这样才认为自己是有价值的。”

这是一种完美主义图式。真正的完美主义者在自己的领域里都是能力过人的。从专业的角度说，我们可以期待其填补合伙人、同事、合作伙伴甚至上司的不足。操纵者会让人认为自己在任何方面都是完美的，尽管他在任何事上都未曾创建功绩。8 个操纵者中就有 6 个是能力很差的，哪怕是在他自己的岗位上、自己的工作中。幸而在他们的亲友中会有几个真正的完美主义者！

在家庭中，操纵者越是因极小的疏漏或者例外的小失误而高声指责其具有完美主义倾向的伴侣，他就越能给人一种自己很完美，绝不会犯类似错误的印象。至于本已因为这件小蠢事而内疚的完美主义者，要么会羞愧地躲进自己的壳里；要么会更加大声地为自己解释、辩护。

这两种图式可概括如下：“绝对要被所有人喜欢”以及“必须要完美才能够有价值”。拥有这两种认知图式的人经受着它们给日常生活带来的后果，很是辛苦。认可这样的图式并依它来行事的父母，必然会把它们言传身教给自己的孩子。孩子们会以他们的所见所闻为模范，从父母双方或一方身上学到东西。而一位控制型家长也会教唆自己的孩子，要让他人欣赏自己（无论孩子自己的需求是什么），并且所希望获得的欣赏是超越了正常范围的。一方面，这有利于家长树立良好形象；另一方面，孩子会变得更加顺从，可按照家长希望的方式被加以利用。完美主义图式亦同理。

我认为极为糟糕的是，控制型家长自己却不符合这两种图式中的任何一种！通过他令人不愉快的评语，当你忘了某个东西时他过分惊讶的表情，以及他含糊的评价，这种家长在几秒钟内就能判定你是否“不完美”。他还会让人想到这些信仰也构成了他自己的价值观体系，可其实却不是这么回事。极少有控制型家长自己是真正的完美主义者，可他们要求自己的孩子做到完美。他们掌握了一种艺术——让别人认为自己有着极高的要求。可如若我们仔细观察他们的日常生活，会发现他们一点儿也不严于律己！他们的亲人，如伴侣和孩子，会逐渐发现这一点。

操纵者很善于发表面向大众的漂亮说辞、鼓吹伟大的人道主义道义、宣扬尊重他人或重视环境的社会准则，而自己却轻视它们。他最看重的始终是其社交形象！他会努力采取一些适宜社交的行为，以便令外部人士（邻居、学生家长、某个晚会上遇到的人等）立刻就很欣赏他。这一点在他面对大家庭中的远房亲戚时亦有所体现。

你认为爱可以拯救他人

另一种思维图式并不像上述两种那样会构成压力的来源。在操纵者的部分受害者身上能够看到这一图式："应当表现得乐于助人、有空效劳、愿意倾听所有表达其苦恼或不幸之人的倾诉"。我们称之为救世主综合征。不需要任何故事背景：无论是何种情形，他都会出手相助，且这并非一种病态。而是一种对所有人，有时甚至是对动物的过度同情和同理心。具有救世主综合征的人在帮助有需要的人时，并不觉得自己在付出特别的努力。

一旦我们开始换位思考，就会去给予任何穷苦之人体力上、财政上、情感上或是另一种方式的支持，这似乎是合理的行为(这其中包括对操纵者的支持)。在一个家庭里，孩子可能这样去牺牲自己来帮助控制型家长。而后者却会在他认为恰当的时机，从容地打出“我是受害者”这张牌。你不去区别是真正有需要还是单纯想要得到慰藉，就乐意效劳、提供帮助、四处奔走、中断休息、给予金钱……所有的操纵型父母都会滥用你所拥有的这种积极的、充满能量的潜力。他将会使用抱怨式的甚至让人内疚的说辞，且敢于借助“抛弃”这一概念来使你让步。

在这种十分常见的情况中，我建议你问自己一个关于抛弃的基本问题：“何谓真正的抛弃？”根据常理，可以说我们无权有意地抛弃无能力照料自己卫生、饮食及安全的任何孩子和成人。倘若任由需要得到照料、关怀的这个人在几个小时（例如针对一个很小的孩子）或者几天内（例如针对一个无行动能力，在家中无法给自己准备食物、独自上厕所的成年人）完全独处，他则有出现生命危险的可能。

因此，当一个具有自恋型人格的人毫不犹豫地指责你“抛弃”了他，那么可以按照以上描述，问问你自己那是否为真正意义上的抛弃。这一字眼是颇能说明问题的，它的使用绝非偶然。

让自己摆脱救世主综合征，是去要求你有权照顾到别的事，是去关心对你重要的其他利益（你的职业、配偶、孩子、家庭事务、休息时间等）。

你期待雨过天晴……

操纵者制造出酷暑和严寒；过去的两个小时他刚刚展现出

反常态度，却又能突然变得热情、客气。操纵的要点在于此，操纵者病态的要点也在于此!

他长期忍受着情绪失衡。他那些间隔不过几分钟或几天就自相矛盾的话语，他热情而慷慨的态度转瞬就中断在那些完全冷漠的行为、冰冷的态度或是让人不解的拒绝中……

奇怪的是，受害者们在几十年里却没识破这一怪圈是循环往复的。人格障碍并非由紧张、天气或是激素异常引发（至少目前尚未证实）。

这种病态并非一时的，也不关乎外部因素（这与操纵者常用外部原因来为其行为和决定辩解这一情况不相符）。他的问题由来已久（据我观察，大多源自孩童时代，无论他后来接受过何种教育）。

自恋型人格不会从根本上有所转变。他让人赞赏的行为会转变为令人厌恶的行为（或是让人不解的行为）。通过目前我们掌握的精神病学方法和现有药物，甚至通过宗教或者精神层面的方法，均无法让其痊愈。

受害者们没有自己醒悟的意识，需要我们来唤醒他们。原因很简单：他们期待着这个亲近的人，这个他们从最初就爱着的人能够改变！确实，既然他时而平和亲切、满怀亲情、热情可爱、善于社交、乐于助人，那为何他不能够彻底变成那个样子?

这一问题的答案或许会让我们惊讶：是的，这些人是懂得展现出上述全部优点……但仅仅是在他能够从中满足自恋利益的时候！他们的慷慨不是一种本能。他们只在需要的时候才慷慨：他们很清楚该邀请谁去吃海鲜大餐而又邀请谁去吃比萨。当操纵者展现出其慷慨的一面，那你要知道并没有白吃的午餐。你别见怪，这一类型的任何人格（未伴随其他病态时）都非常容易做出此类举动。

受害者们往往意识不到，反复无常将会是在操纵者的整个一生中都持续存在的问题。因为受害者们总是头痛治头，脚痛治脚，期待着寒冬过去，春回大地……然而，这样的阴晴不定，正是和具有自恋型人格之人相处时所要承受的事。

你的一生中，这一恶性循环可能会一直持续。然而因为好坏不断在交替，你便没有意识到它是具有破坏性的。

他们拥有着卓越的品质

但与此同时，具有自恋型人格的人身上会有不少优点。可你是否注意到这些优点极少是利他型的？比如，他们的职业光鲜或报酬丰厚，他们可能是伟大的艺术家、想法新颖的人，教养良好、头脑聪明、具有诗意，懂得如何很好地自我表达，仪表堂堂、具有感召力；他们会是得力的组织者，懂得如何策划一次旅行；他们会是文化人；等等。你会倾慕他们个性中的这些方面……

你没有意识到，你会被这些品质吸引住而全然忘却了它们的对立面。你只看你想看到的东西吗？

另一位家长纵容这一毒害关系

当父母中的一方是控制型家长，而另一方却无所作为时，受害者会难以坚信某种家庭状况确实是病态的！换言之，也就是健全家长没有揭露另一位家长举止疯狂或者情形异常的情况（那位健全家长对此反常特征也存有疑虑，但由于缺乏自信，在夫妻间出问题时，他往往会把错误归咎于自己）。此外，操纵者不成熟的甚至孩子气的个性，也不会令其配偶能太快地收拾行李带上孩子走人！

在孩子的认识里，当一方家长接受这种状态时，他会很容易理解为这挺正常的，在所有的家庭里都是如此（或者所有夫妻均是如此）或者更甚，他会以为这是可以接受的……

以下是吉勒的例子：

以前我照顾孩子们的时间比妻子要多，孩子们跟我的交流也多过跟她的交流。她嫉妒了。她是控制型的人，我打离婚官司已经 11 个月了。我已经快一年没见过我的孩子们了，她把他们带走了，并且指责我对他们犯下了乱伦罪（她捏造出来的）！见不到孩子，我很痛苦。意识到她一直在操纵我，让我越来越痛苦。我妻子很残忍。她似乎很满意自己让我经历的一切。当我们还在一起生活的时候，她总说："我会让你为你害我经历的一切付出代价的。"我一直在想她指的是什么，要让我为何事付出代价？我当时就像个蠢货一样，总是试图让孩子们理解他们的母亲有工作，她很累，所以她大下午睡觉或者晚上不再跟我们一起吃晚餐都很正常……多么可耻！

受害者在宣告另一个人不正常或者呈现病态之前会先扛住，因为他被圈进了极大的负罪感之中，有时甚至自己并没意识到。让人内疚是操纵者最厉害的手段之一。它总是适用于各年龄层和不同文化背景的对象。这是一种十分简单的方法，可以让对方做出我们想要其做的事。它仅在一种条件下起作用：对方感到内疚。

然而，在一个家庭里，控制型家长完全可以，也有足够的时间来"培养"他的孩子去产生负罪感。突然有一天，或许是在青春期开始的时候，孩子自己就会为所有的事，动不动就感到内疚！控制型家长就这样毫无阻碍地完成了这项任务。然而有一个障碍可能会出现：另一位家长发现了这一手段，每次都会开解孩子让其不要产生负罪感。但是又有多少配偶通过这样的方式成功地保护了孩子们？大部分自恋型人格之人的配偶本人也倾向于去自责内疚。他们可能会不自觉地通过言传身教把它传递给子女。

马蒂娜想到了父亲对她的影响：

我的母亲不是一位恶意的操纵者，但我感受到的控制比她实际做出的要强。我父亲一再用他认定的道义（发自内心的）来教导我：要客气、怜悯、慷慨、帮助比自己弱小的人、要维护稳固的家庭、同情他人、具有同理心。可我怎么知道……我被控制的情况（或者说我的感受）因此而大大加重了。我父亲就是善良的化身，他整个一生都在照顾我母亲。于是她过着完全被动、懒散的生活。照顾到什么程度呢？当我父亲去世时，迫于形势，我被指定来代替他负责家里的吃穿用度，承担大小家务。我母亲觉得这是非常自然的，因为她什么也不会做。如果之前我父亲不曾如此包办一切、照顾我母亲，如果他曾推动她去做事，或许她会有所进步？那父母留给我们的榜样就会是另一番模样。但也有可能他尝试过却没有成功。我们永远不得而知了。

缺乏批判精神亦或害怕去批判

控制型家长的受害者们会停止信任（或许可能从未信任过）自己的批判精神。当我在一个公共泳池旁边写作的时候，一个小事例发生在了我眼前。一个 11 岁的孩子试图在父亲面前为其跟弟弟发生的小争执辩解。父亲不停地循环重复如下训斥，阻止他表达自己的想法：“闭嘴！你错了！是你错了！无论如何，都是你错了！”孩子很快停止争辩，坐到一把椅子上哭泣着。在我接触这个家庭的那两天里，该父亲总是用同一种语气跟这个儿子沟通。孩子想给出自己的解释，可父亲一再向他申明：“我不在乎，我不想听你解释！”母亲没有介入。谁知道某一天，这个厌倦了为表达自己而斗争的男孩，会不会执拗地怀疑起自己对事物的认识？并且，或许他就一直怀着这种疑惑长大？

你的个人成长历程决定了你的批判精神是否得以培养。你信任自己对事物的认识吗？你敢于支持自己的观点吗？你敢于说出“这不正常”吗？因为这一切确实要求去做这件事：评判。在你成年后的生活中，某些社会环境、某些宗教、某些你赞同的哲学或许都会教给你，评判是不好的……

极为糟糕的是，控制型家长在教养你的过程中可能展现出两种自相矛盾的行为：他不停地评判一切、评价所有人（尖刻，却没有真正符合逻辑的论据），却拒绝来自你的评判！

因此，很多操纵者的受害者们，无论是何种情况，当他们说出：“这不正常！”时，都怕自己做出了错误评价。本书的目标也在于填补这一空缺。为此，我打算收录一定数量的、出现在家庭中的完全反常事件，但仅限于用来讨论定义控制型家长的标准（包括变态人格）。我不对其他形式的虐待进行描述，社会工作机构更了解那个领域。

换言之，为了识破病态的、危险的人格，让其身边的人获得个人平衡，你需要完成两个步骤：观察，然后评判。

当然，想要理解一些干扰人的现象，阅读肯定是必不可少的。但无论如何，你的内省才是你回答这个问题的基础：“为什么那么长时间以来，我什么也没看出来、没搞懂？”我在前面陈述过，在我从业20多年以来，就这一主题前来向我咨询的很多人身上都能找到几个反复出现的原因，它们在你的个案里也一定符合情理。然而，在你的故事中，会有其他合理答案从你的意识中浮现出来。

那么，让我们来概括一下针对“为何如此盲目”这一问题的多个可能的答案。

- 我不知道这些人格障碍的存在。
- 操纵者看上去很正常。
- 大家很看重尊重、支持、承诺、义务和无助等社会信仰，我感到需要展现出自己是一个好人。
- 我感到需要得到所有人的赞赏。
- 我有救世主综合征。
- 我总怀有希望：那个人最终会改变。
- 我依恋那个人表现出来的实实在在的品质。
- 我感受到多种形式的内疚感（感到自己受到了恩惠也是其中一种）。
- 我看到另一位家长就这样待在那位有害的家长旁边，就好像这是可以接受的。

● 我对自己的认识缺乏信心。

● 我害怕自己敢于说出“这不正常”（这也是一种内疚感的形式）。

在我看来，有两个最主要的原因：一方面，是对于这样一种病态的无知（或是想要停留在这种精神病态不存在的幻想里！）；另一方面，是你的信仰。

在识破控制型家长对你实施的不同形式的精神控制这件事上，你的智力水平起不到任何作用。事实上，有着很高的智力潜力的人（高智商）往往会成为自恋型人格的不幸猎物，不少案例有力地证明了这一点。仅仅在你对这一主题有所了解之后，你的智力方可发挥宝贵的作用。

操纵者会参照公认的、大众接受的社会认知来行事。他按照某种情感模式来行动或与他人互动。他喜欢的那些观念、态度是如此无理，以至于你难以从他带给你的精神错乱中很快地摆脱出来。他能在你身上制造出很强的负面情绪，同时让你认为那是你自己制造出来的！他也懂得制造积极情绪，这又让你重新质疑他到底有没有毒害性。你们之间的情感联系越是紧密，你感情用事的概率就越大。

唯有在情感上拉开距离才能够拯救你。但很不幸，就算你的智力很高也做不到这一点。

第二章

摧毁令人幸福之事物的艺术

l’art de détruire ce qui rend heureux

所有具有自恋型人格的家长所表现出的状态，都源自一种共同的内在情感：嫉妒自己孩子的幸福。这种嫉妒会以一种惊人的、暴力的、不合理的方式表现出来，但同时……亦是通过多种方法可以察觉出来的。我们将要查看这种破坏形式是如何影响到你或者你周围人的日常生活的。

负能量

自恋型人格的受害者们一致地意识到某种奇怪的感受——负能量，但这一概念尚未完全得到科学的解释。操纵者仅是单纯的出现，就能引发不适，并令人难以自由地表达自我或者按照自己的意愿去行动。

有的人立刻就能意识到这一点，有的人则不能。尽管他们对此人并无任何成见，但在刚发生接触的头几秒，这一感知便出现了。

这究竟是一种什么“能量”呢？电波？磁场？另一种性质的能量？抑或是化学物质的溢出？就如同我们能够捕捉到某个人的善意、内心的同情一般，又是什么让我们认为此刻感受到的是负能量？当我们尚未认识一个人的时候，这种依靠直觉的感知是神秘的。

相反，如果你感受到某位家庭成员用他的负能量使家庭丧失活力、变得沉重，那么你可能会在其累积下来的负面行为和话语中找到解释。反复的不愉快经历和感受制造了这种条件反射。这里需要指出，并非所有的条件反射都能被有意识地感知到。

然而，想要摆脱操纵者的控制，首要的一步便是去意识到让你不适的感受和情感。感受来源于你的身体；而情感来源于情绪，并通过心理状态表露出来。对于某个时刻或对某种情形的意识将两者联系到了一起。感到“我觉得自己很可笑”是一种情感，一种心理状态。它往往会关联到一种情绪，例如本书中谈到的羞愧或内疚。感到食道收缩、胃部灼烧还有颌骨向牙齿收缩则是一种感受。

哪怕到青春期之后，孩子都难以准确说出自己的感受以及情感。他难以清楚地回答这个问题：“你感觉如何？”他要么不回答；要么回答得很含糊（“我感觉不好”）；要么说出他认为大人希望听到的答案（“还不错”）；要么说出自己所想的话，但这番话却没有回应到情绪这个概念，而是对应到某一念头（“我父亲总说我，我那么蠢，不是他的儿子！”）；再或者，他会不带感情地只是按照实情描述某个情形。相反，成年之后的孩子将能够应用合适的词描述他当时的情感，哪怕事件已经过去了好几十年。感受是短暂的（除非症状变成了长期的），人在成年之后不一定能够记得当时的感受，抑或是那一感受发生在身体的哪个部位。坦白说，凭借经验，我们会更多去关注对于情感和事件的记忆。

塔蒂亚娜这样讲述她对于父亲的情感：

我一直都觉得他和我有距离感，甚至是在我很小的时候（两岁）就那么觉得。这种距离感中混杂着惧怕，就好像我一直觉得这个人不正常。

如若从幼年起便察觉到家长的异常，那么从那时起，每当这位家长在场时，孩子就难以完全平静。

与在社交场合中不同，在家庭里，这种本能会通过每天的观察和体验而得以证实。

塔蒂亚娜继续讲述她成年之后的体验：

跟我父亲在一起时就从未有过正能量。只要他在场，气氛就变得凝重。我跟我母亲都觉得落入了陷阱里，因为不可以发出声音，要顺应他和他的节奏。他从不问我们是否也乐意做他想做的事。他在的时候，我总是感觉到精神不振和某种疲惫。

换句话说，他在的时候我总会有负面情绪。为了不让他生气，我和母亲需要不停地控制我们的行为举止。我总是感到很有压力。他的在场就犹如小火煎熬着我……只有他不在的时候，我才能感到轻松；他一回来，我又重新处在控制之中。我经常感到悲伤。

当一个孩子尚处在无法表达一切的年纪时，这便是他可以感受到的东西。

高压下的家庭聚会

圣诞前夜或者圣诞节当天，如果家里有个操纵者，那么那天就如同被诅咒了似的，气氛紧张！人人都对自己的言行小心翼翼，生怕唤醒了负面情绪。这种自控仅能起到一般效用，因为谁也无法从这个传统佳节中收获快乐时光或是美好记忆。每一年，这一节日临近时，焦虑感便会增大，以至于有的孩子成年之后，会设法准备一些回避计策。

德尼现在已经不参加圣诞前夜的年夜饭了：

我母亲说她想在圣诞节时在家里宴请亲戚，但是12月24日晚我在的时候，她却哭了（原因可能是，例如，我很平和地提醒她我不喜欢鹅肝）。每一次，我都觉得是我惹她哭的。可事实上，无论我做什么，她总是以同样的方式回应！我猜想我让她想起了我父亲，以前父亲就受不了这些节日，每次过圣诞节他都很不愉快。确实，在父亲去世前，母亲也总在12月24日晚哭泣，那时我还没被牵扯进去——当时看上去是父亲的行为把母亲弄哭的……

几年来，由于我感到自责内疚，我也开始理智地拒绝参加节日聚会。这样我便能避开那些眼泪纵横的场面！

不曾经历过控制型家长的人，可能会惊讶于大家何为不能更努力，让这唯一的一天变得和谐。操纵者的孩子和配偶确实这样做了！在数十年的时间里，他们曾多次尝试……他们观察到，当每个人都做出努力时，操纵者仅会付出几个小时的努力！三小时？或者四小时？在这一天中的某个时刻，某件微不足道的事，甚至不足以称其为事件的事会触发操纵者身上“不适宜情绪”或“挑衅性语言”的开关。就算开关到了16点仍未被触发，那么就等着19点吧……

让我们回到上面那个关于德尼的例子，有一点很常见：控制型家长会奇怪地忘了你对某道菜的厌恶，尽管你是他的孩子，而他几十年来应该一直都知情！这种情况便属于我刚才说到的微不足道的事件。

有时，牵涉其中的孩子成年以后，在过了40个圣诞节之后，仍旧难以承认在这节庆的日子里发生的荒谬现实。那现实中必然有分裂、痛苦、厌倦、压力、虚伪或是纷争。

想要再一次躲过圣诞节这“精彩”的一天里那些不可避免的不自在，每个人都在有意无意地采用“缓和行为”，避免“点燃”控制型家长。大家带来质量上乘的美味佳肴，按时到达，衣着整洁得体，说说笑笑，保持轻松；大家避免谈及一切惹人生气的话题，谈话内容浅显但看上去很愉快。这些“微妙的”回避可以限制火山含着眼泪或带着攻击性苏醒过来的可能性。这一招或多或少是有用的。可以说，为数众多的家庭成员通过这一方法“拯救”了表面的和平。如果在你看来这一天进展顺利，那你具有缓和作用的行为一定发挥了良好的效用。但是，真正的原因是否在于你并没有待满一整天？所以，另一些家庭成员决定索性再也不全家人一起庆祝圣诞节了。

弗朗索瓦丝的双亲都是控制型的，她讲述道：

从去年起，我决定再也不参加我们家虚伪的家庭聚会了。跟我母亲和我姐姐在一起时，每个人都不得不抑制住自己的自尊，气氛已不仅仅是紧张了。我和我丈夫为了孩子考虑，曾经努力去和姐姐家一起活动。然而一起度过的那一晚很糟糕。当时我们已经好几个月不曾见面，再见到彼此时一切都似乎索然无味，让人提不起兴趣。为了避免发生太过高声，或是太过激烈的讨论，那天晚上交谈的内容很是有限，甚至听得到苍蝇飞过的声音。我发誓再也不要遭受这些了，也不要迫使我的孩子和丈夫去忍受这种场面！

除了圣诞节，其他节日也没能幸免。萨布丽娜依然记得她16岁生日时的突发变化：

曾经，我感到自己在家里被“禁锢”住了，逃脱不了父母，尤其是母亲对我的影响。我住得离我所有朋友都很远，而且附近没有公共交通。越是被隔绝在社交关系之外，这种被“禁锢”的感觉就越强烈。我爸妈很少接受我去看望他们。在那一时期，我只是片面地感受到了这种孤立的状态。多亏了我在成年之后的分析，我才终于能够更加清楚地表达这一感受。在我快满16岁的时候，我意识到，想要打破这种孤立，获得自由，我需要一辆轻便型摩托车。我很了解我父母，我知道这个主意很不现实，但我仍旧决定要跟他们说说看。起初，他们拒绝了。我多次重申重提该请求并且给出了我的理由。让我非常惊讶的是，他们最终答应了！那对于我来说真是非同寻常的时刻：我感到自己终于能有所改变了！我和父亲开始着手准备相关事宜。他给我买了考驾照需要看的书，还和我一起跑了好多家经销商，并最终找到了我梦想中的车型。我甚至拿到了车子技术卡片的海报！我十分满意。在我第16个生日的时候，父母宣布，他们给我准备了一个惊喜。就像你们想象得到的那样，我当时欣喜若狂。我父母第一次接受了我的请求。就在那个时候，他们给我拿来了一辆他们在旧货店买的二手自行车！完全不是我这个年纪的年轻人拥有的那种全新越野自行车。我的那辆是青苹果色的老款式，前面还有一个柳条篮，简直就是“奶奶”风。对青少年来说，外表还是很重要的。我为这辆自行车感到羞愧！我有必要说明，他们并非出于经济原因才选择用这辆自行车来代替我想要的轻便摩托。我父亲一个人挣的钱就远高于平均水平了，有足够的财力来给他们自己每三年就换两辆高端汽车，然后每年出去度三次假……他们对我说，有了那辆自行车我就可以出门了！我是如此震惊，以致都没有问他们这一突然的变化是出于什么原因。后来也没有问。我真羞愧，胆敢如此自私地要求他们为我花费一个大数目！我当时寻思他们送我那辆旧自行车，是想告诉我，我有多么想从他们那里牟取利益，而我只配得到那么多。在成长的过程中，我所接受到的教育一直是，我父母的成功没有依靠任何人，我也应该依靠我自己。在家里向他们要东西或者寻求帮助就会被视为企图利用他们或者滥用他们的和蔼可亲。直到现今，我仍然需要很努力地控制自己，才能够接受某人的帮助而不感到那是我强加于他的，或者我利用了他。

为了表现出我不是忘恩负义之人，有一天，我骑上车，去往距离我们家约 15 公里处的我最好的朋友家。那辆自行车不能变速，不是运动款，也没有调节好，还有一些机件卡住了。那一段路对我来说，真是一种苦难。在那之后，那辆自行车就没再出过我们家花园里的储物棚，直到我搬家。

如果你细心，你会观察到那些持续几个小时的生日庆祝活动，无论在日间或晚间都不会平静地发生。具有自恋型人格的父母会设法吸引他人的注意或制造不快、压力甚至是争吵。这仅仅在几秒钟内就能发生，其手法可概括为，设法引人注目，或单纯做出不适宜此情此景的举动。有可能是没有为聚会做充足的准备（例如，忘记蜡烛），没有摆好桌子，“忘记”准备蛋糕便急忙买下旁边面包店里货架上剩下的最后一个，提供的蛋糕质量平平，送的礼物不合适，或是迟到（如果是在你家里庆祝）……纳塔莉同样在受限制的家里过了一个个生日，没有朋友。她 21 岁的生日是伴随着打击度过的，她收到了一个荒谬的惊喜：

在蛋糕上，我母亲写道：“你现在是成年人了。”其他亲戚都很震惊，我母亲感受到了空气中的异样，于是顾左右而言他。

我提醒她成年是18岁，这实在很可笑。

对于控制型母亲来说，庆祝你的婚礼或是生日是一个微妙的时刻。在那一刻，她不再是众人关注的焦点！我不敢断言她意识得到她身上的多种负面情绪，但是我注意到，当这些情绪出现时，她并不去缓和它们。要在这特殊的日子里不让自己引人注目，于她而言几乎是不能忍受的……

弗朗索瓦丝（上文中，她讲述过家里过圣诞节的情形）在很长时间里都觉得她父母在她办婚礼这件事上很关照她。然而，稍微更清晰地去回忆当时的情形之后，她发现了自己的困惑：

在婚礼的紧张筹备过程中，我经历过一些很艰难的时刻，也曾多次哭泣。稍微想得多一点儿、深一点儿，我便会为我母亲的事不关己而失望至极。本该由父母资助的婚纱最后并不是他们付的钱！相反，他们邀请了他们所有的朋友，包括几个我根本不认识的！为了避免新的冲突，我只好毫不抱怨。至于婚礼的组织，我们也只能全靠自己。6月的世俗婚礼有50来位宾客，而8月的宗教婚礼有237位。巨大的筹备压力险些迫使我们在选定的日子前4个月取消一切。

母亲节——除非是在国外生活，或者忘记了日期，否则控制型母亲的孩子是难以逃过这个日子的——总伴随着礼物、鲜花或者快食餐馆……然而随着年纪渐长，孩子到了30或50岁时还祝福“节日快乐，妈妈！”便显得越来越虚伪……孩子成熟之后，就会越来越清楚地看到自恋型母亲的过失、以自我为中心以及未曾付出无条件的爱。那么，庆祝什么呢？尽管如此，他们中的大部分人仍继续努力去祝福母亲节日快乐。在这样的母亲眼里，这一殷勤等同于一种爱的证明，而这是她非常需要的爱。与此同时，子女的努力实则构成了一种抚慰行为。但母亲并不知道这一点……“节日快乐，妈妈！”这样简单的一句话可以影响到她持续几天甚至几周的心情：亲子关系似乎突然好转了。

但是，忘记这个节日的人可要当心了：你母亲的精神状态可能会瞬间崩溃！她的积怨也可能会爆发。我不认为这是装出来的。自恋者的伤口是很深的。她会立刻且偏执地去对这一遗忘之下隐藏着的信息进行页面解读，例如这是对其母亲身份的否定。沉浸在这样的情绪之中，她脑袋里只想得到一个原因——“我不爱你”，以此来解释你的“没有表示”。事实上，一部分孩子认为这是一个商业性节日。有的孩子不会特别注意母亲节的日期，也有一些孩子因为别的原因而忘记。

如此这般，要是她的孩子（或是伴侣）不隆重地为她庆祝生日或是母亲节，那么她压抑着的情绪反应以及行为举措就会爆发。而你原本以为这些庆祝活动在她眼里并没有那么重要……

法比耶娜给我们提供了以下事例：

某一年母亲节，我让花店给我母亲送去一大束玫瑰。她没有对我说谢谢……我终于忍不住问她："你收到我的礼物了吗？"她回答道："什么礼物？根本没收到。"我挺不高兴的，于是给花店打电话。花店经过确认后，向我保证花束确实已经送出了！我坚持说："得了，你们戏弄我呢吧！她没收到花。那是我母亲，她不会说谎的！你们肯定是把花错送到别人那里去了！"花店礼貌地提议说再给母亲重新送一束。这一次，她承认收到了："唉！花送到时，全部都散出来了！以后别找这家花店了，一点都不好！"我坚持问道：

——有 40 朵玫瑰对吧？

——不，只有 38 朵！他骗了你！

——啊？是吗？那至少用了一些水果来做装饰吧？

——啊？你说的是这两三颗干瘪了的樱桃啊？

我完全得不到所有送礼之人寻求的快乐：让收到礼物的人高兴。没得到一句简单的"谢谢"，换来的却是对于该选哪家花店的一顿指责，还有她的不满，等等。

这束花成了我送给她的最后一份母亲节礼物。从那之后，她让我的小姨，即她的妹妹（这一位既是她的受害者又是她最得力的助手）介入此事，小姨用沉重的、指责的口吻对我说："我对你很不满意：你本该给你妈妈送份礼物的！她很伤心。你哥哥弟弟都给她送了礼物。我知道她对你并不总是和蔼客气，但是你对她真是过于冷酷了！”

对于男性操纵者，父亲节似乎不会催生出如此多的情绪，也不会令其具有特别的期待。

扫兴之人

所有操纵者都会根据有外人还是仅有家人在场而做出不同的行为。在小家庭范围内，当子女向其宣布一个好消息时，操纵者会反常地流露出突如其来的坏心情。

就这一点，达维德立刻给了我们一个例子：

我 9 岁时被一个足球俱乐部录取了，我为此感到骄傲（当然，是我母亲为我报的名）。我永远也忘不了我父亲（控制型，具备 30 种特征中的 28 种）得知此消息时的眼神：冰冷且轻蔑。我想，我那不容许自己快乐的癖性便是源自于此类片段。

仅仅几秒钟，打击就足以抵消你愉悦的情感。这正是目的所在！同样的，如果快乐的起因不是他，或者不受他控制，你将无法体会到其中的愉悦，不是吗？

达维德继续他的叙述：

还是关于足球——父亲禁止我每周六去踢球（以犹太教的安息日作为理由，可那丝毫不影响踢球！），可是同时却特意向我说明他年轻时也很爱踢球。

自恋型人格之人表面看似祝贺你或者鼓励你，而他自己当时的感受却是不好的。初初接触时，会觉得这一惊人现象很反常，令人难以理解。

每当你宣布一个好消息，操纵者就会立即进行你无法理解的、负面的解读，这几乎成了一贯作风。这种解读癖好在女性操纵者身上尤为严重。

波利娜记得：

母亲的操纵者特征留给我的第一段记忆，可以追溯到我8岁时，当时我参加完同学的生日聚会回到家。我们家生活在一个封闭的圈子里，参加聚会这样的事情很少见……出于分享自己体验的渴望，我告诉母亲我在同学家吃到的烤饼很美味。母亲用一种尖锐的方式回答道：“怎么？我给你做的烤饼就不好吃吗？”这一反应给当时的我留下了深刻的印象。我母亲不期待我快乐。此外，当我表达了我的偏好之后，她很明显地不高兴了……

这一案例展现了两种即刻出现的倾向：一种是进行负面解读；另一种是进行比较。

自恋型人格的矛盾之一是：在对自己过度的正面评价和对自我价值的深切怀疑之间摇摆。与他人进行攀比是日常生活中的恒定状态，而这会往两个方向发展。过度正面肯定自己是其一，对于其亲人来说也是最让人不舒服、最难以应付的一种状态。可是，如果你不是心理学领域的专业人士，几乎看不出来操纵者是严重缺乏自信的。也正是这种缺乏自信的状态赋予了操纵者们很强的防御力量。当他们觉得自己不如人时，就会变得咄咄逼人，所用方式在周围的人看来是难以理解的。无论涉及什么人、什么事，他们必须紧急提升自信，随后发起进攻。不言而喻，即便在此时，具有自恋型变态人格之人感觉自己占了上风，但这一方法对于真正提升自信，实则是完全无效的。操纵者们善用挑衅和防御态度，并且会为了重新找回心理平衡而摆脸色。

当你状态尤其好，满腔热情地想与他人分享你的喜悦或幸福时，控制型家长便会彻底改变语气和氛围！向我倾诉以下事件的时候，洛朗斯 18 岁：

当我向我父亲宣布一个极好的消息时——我即将去布基纳法索进行以职业和教育为目标的电影业实习，他（控制型，具备 30 种特征中的 22 种）居然没有同意！一年多以来，他不停地重新把这一话题放到桌面上来批评我。完全得不到来自他的任何鼓励让我很气馁。他是戴着无私面具的操纵者，并在圣诞节时给了我一笔很可观的钱。他当时知道我会把这些钱用于实现我的计划。可是，如果我敢于指责他不鼓励我，他会很失望，还会滔滔不绝地训我，并在训话中把我说成自私鬼，然后提醒我他送给我的礼物。他把自己描绘成乐善好施之人，同时还是受害者。我反而得再三道歉。

怎么会有父母因为自己的孩子快乐反而变得不开心呢？正常的父母无法理解这一点……

丹尼丝对我谈论起其母亲的奇怪行为，那发生在他们一起度过了还算愉快的几个小时之后：

我母亲并非腿脚不灵便之人，但如果我和我父亲终于成功说服她下定决心跟我们一起外出或是远足，她接下来一定会爆发，可以算是让我们为此付出的代价！她把自己关在房间里，指责我们，要我们为她的劳累负责。

在这个案例中，你可以观察到，并非是操纵者听到了一些与他无关的好消息，而只是与家人单纯地共度了一些和谐又平静的时刻也能制造问题。操纵者总会以某种方式来“打破”和谐。我认为他也不知道自己的脑袋里发生了什么才导致了此类反应。他是否仅仅能意识到自己做出了完全不合适的行为?

德尼已经多次注意到这种“打乱”了:

我和我的伴侣成功地让我母亲到外面走了几步。在我们散步的过程中,我尝试着向她提起我们即将到来的假期。我知道自从我跟我男朋友在一起之后,她就不愿意听到这些充满着生活愉悦的话语,虽然我至今仍然不懂其中缘由。但这一次,她什么也不想听,我们的交谈变得沉重。她在两个话题间交替:一是她所挂心的小圈子,二是对我本人的诋毁。她接受了出门走走,但作为交换,她试图说一切她能够说的关于我的坏话!于是,为了让她停下来,我重新回到我们下一次度假的目的地这个话题上来。就此,她说:“噢,我知道……你总是去相同的地方!”(事实上,是法国的很多地方,但她只知道其中一小部分。如出一辙的是,当我向她说起我们在阿尔萨斯度过的上一个假期时,她并不想听到我的愉悦。她说讨厌那个地区。她曾在我父亲在世时和他一起去过几天,父亲去世后她又去过一次。)这并没有让我局促不安,我简要地回应她说,她只会关心她个人挂心的那点小圈子!

从定义上说,具有严重人格障碍的控制型家长是不能够为别人的利益而操心的,哪怕这个别人是他自己的孩子。我把这一反应理解为过度的、病态的以自我为中心带来的后果。他需要集中自己所有的能量来逃脱精神上的极度折磨。自恋者自尊的坑洞每一天都有待填补，他唯一与消沉和抑郁做斗争的方式，就是把自己并没有的品质归于自己，不仅自认为是十分优秀的家长，而且自认为在任何方面都出类拔萃！患有自恋型人格障碍的人，自称比所有人都优秀……于是乎，任何批评对他而言，都是难以承受的。然而，当我们对他说起我们跟其他人共度的快乐时光，他似乎会立即解读为“你没有给我带来同等安乐（喜悦、幸福等）的能力”。他是不讲理、是疯了还是愚蠢？或许吧。这难道不是心理机能障碍的例证吗？

他们企图让爱你的人远离你

奇怪的是，操纵型父母眼中的威胁似乎并不来自“你爱的人”，而来自“爱你的人”！

所以，类似情况很常见：你童年时期遇到的可亲的、深情的大人突然从你身边消失了，有时你甚至不明白其中的原因。鉴于你当时的年纪尚幼，便只有一份温热的记忆保留了下来——有那么一个关怀你的人，与你有过一段饱含情感的联系。只有在几十年之后，你的脑海中会浮现出这个问题来：“究竟发生了什么事，让这个爱我的人从我的生活中消失了？”如果你有一位控制型母亲，你还有权再问这个问题：“我母亲做了什么或说了什么来让这个人远离我？并且我彼时还不曾意识到，也没能够反对这件事。”你无法从你母亲那里获得真正的答案，因为她会撒谎。但是你可以从中立的证人那里获知真相，或者重新找到这个爱你的人。当然，如果事情已经过去三四十年，这并非易事……

弗朗索瓦丝却有幸找到了一个曾经爱她的人：

那是我父亲的一位婶婶，大约70岁，我当年把她视同我的奶奶。我母亲以这位婶婶对我父亲的所作所为、她的恶意等为借口，把她和我分隔开了。事实上，那个时候我常去她家，在她的陪伴下度过了一些很美妙的时光。

然而，再次见到她，是在我叔叔的葬礼当天，在我母亲不知所措的注视中，我又重新找回了那种幸福感！

丹尼丝也经历过类似的情形：

我在我母亲身上发现的很重要的一点是她的嫉妒心。她无法容忍我和其他人在一起时的快乐！我在40岁时认识了我父亲的一位表哥，他90岁了。我母亲过去总是阻挠我父亲去看他！可是，跟他聊天让我很愉快。有一天，我甚至在邀请父母的同时也邀请了他。他走之后，我母亲对我说：“我不理解你跟他在一起怎么能高兴，他可是比你大50岁呢！”

他们警惕你的爱情

女性操纵者会嫉妒幸福的夫妻。因此，当孩子恋爱之后，她不会表现出真诚的欢喜。最好的情况是，她可能会表现得过度好奇，并具有侵略性；也可能完全否认你新的感情生活；或者，更糟的是批评、诽谤或恶意相向。

在这一方面，男性操纵者会较为淡然。他似乎并不那么关心子女的爱情生活。这也是为什么相关案例以及我的评论揭示的仅是女性在此方面的行为和态度。

萨布丽娜今年 32 岁，从她确立恋爱关系起便要忍受其控制型母亲的意见和评判：

除了有一次交往的男友得到母亲认可，其他和我恋爱的男生我母亲都不喜欢。然而，我 17 岁时的初恋却是一个懂礼貌、有创造性、既尊重我也尊重我母亲的男孩。他从不碰任何类型的毒品，喝酒也很有节制。19 岁时，他轻而易举地取得了学业上的成功，稳操在职场大展拳脚之胜券。尽管他具有如此多的优秀品质，我母亲仍旧不喜欢他。我当时想这是有可能发生的，毕竟一个人不可能赢得所有人的喜欢。我问这个男孩：“你不喜欢我什么？”他客气地回答道：“你唯一不好的地方，是你有一个那样的母亲。”我完全没想到会是这样的一个答案！尽管如此，由于了解这个男孩稳重又宽容的性格，这句简简单单的话，在无意识之间对我产生了很大的影响。我一直在寻思他为什么这样说。直到很多年后我才明白……

这一案例便可印证这位母亲的自恋型人格：你的对象站在恋人的立场，是能够看得很清楚的！

这时的母亲面临着一个真切的威胁：别人要让自己的女儿睁开双眼看清楚。尤其当那个男孩（或者是儿子的女朋友）心如明镜、性格稳重、自信又头脑聪明之时。

在恋情刚开始时，主动与自己的控制型母亲分享感情进展是一件糟糕的事。这会反过来伤害你。要么她会对你的恋人是否真的爱你表示怀疑，要么她会表现出遗憾情绪来扑灭你的喜悦，再或者，如果你跟她住在一起，她完全有能力破坏这段关系。在部分情况下，她可能完全不考虑你的恋爱关系，就好像你永远属于她似的。这种情况多发生在独生子女的身上。

这正是德尼遇到的事：

每当我对我母亲谈起与我刚开始恋爱关系的那个男人时，她总能通过一个小小的看法，来令我对这段关系感到厌烦。这一场景已经在多名男子身上重复上演过。对待我的现任伴侣也一样，她试图干预我们，试图批评他，等等。但是我和他没有（或几乎没有）任凭她来影响我、影响我们。

还存在一个比较罕见的情况，超级自恋型母亲会去设法吸引自己的女儿新一任心上人的注意力。她力争让自己变得可爱、有趣。她会独占交谈的时间，称赞他，照顾他，表现出难以置信的亲切。最终她会力图勾引自己女儿的新恋人。

总体而言，针对你的新恋情，我建议你保守秘密，或者去与你的朋友分享你的甜蜜。

他们在你的夫妻关系中制造混乱

法比耶娜注意到了她那控制型母亲所玩弄的伎俩——利用自己儿子和儿媳间那些小小的不睦：

一旦我母亲在场，她就开始观察……并且一定会记录下日后可能会有用的全部细节。每对夫妻间都会存在一些小矛盾，她首先要记录的，就是造成矛盾的所有原因。

举个例子：我嫂子坚持让她的孩子们尽量少吃糖，这是她的权力；我哥在这个问题上则比较随意，他曾当着我母亲的面表达过他的反对。任何造成两人分歧的缘由，对于母亲来说都是一粒珍贵的种子，她会细心呵护，让它生根发芽。于是，她会故意拿糖给孙子们吃，孩子们自然是难以抵御的，随后她又会在我哥面前絮叨："我给孩子们买了点儿糖，他们的母亲那么严格，真是令人烦恼！偶尔吃点儿糖没什么坏处，再说了，我很乐意给我的孙子们买糖。”我哥哥被她的这份爱给感动了，于是便支持她并反对自己的妻子。(老母亲赢了！)

更有甚者，由于我母亲总是把这一问题摆到台面上且一直暗示我哥什么才是正确的回应，她惹得他有些厌烦了。为了“摆脱”这一话题，我哥非但没有提醒母亲应该由他和妻子一起来教育孩子，反而最终说出了母亲想听到的话。有一天，他甚至说：“确实是，在糖果这一问题上，我妻子真是个不折不扣的原教旨主义者！”这类话语对于母亲，就如同天上掉下来的馅饼，因为她自己是想不到使用这个字眼的。从那时起，她就经常对周围的人说起这个词，但却略掉了我哥哥那个善意的微笑：“我儿媳在糖这个问题上就是个原教旨主义者！她真是搞笑！要是在童年时都不吃糖的话，那要什么时候吃？”母亲甚至做得更加过分一些：她邀请这个小家庭去做客，很自然的，桌面上放着一个装满了糖果的糖果盒。这一细节自然没逃过孩子们的眼睛，他们兴奋地奔了过去。我嫂子大吃一惊，她明白了这其中的挑衅。但已经太迟了！她犹如被束缚了双手，不知道自己是应该禁止孩子们吃糖，对自己的孩子扮演起坏人的角色（她讨厌这样做），还是应该装作若无其事，并接受放松了对孩子们的教育这一事实；此外，如若在这一挑衅给她制造的情绪面前，她阻止孩子吃那些糖果，那会显得她小题大做了，她“疯了”才会把这事看得如此严重。并且，我哥很可能会以对她不利的方式介入，因为他之前已经被多次培养过，会条件反射般地做出类似反应（可以说是我母亲“训练”了他）。无论我嫂子怎么做，她都已经败下阵来了。

自恋型人格会被其周围爱侣的和谐给干扰。当谈论起夫妻、恋人时，她总是说坏话。她会批评或者诋毁其中的一方。

然而，她自己的夫妻关系却已经处在危险之中了。或许那段关系从一开始就未曾安全过……她也可能已经离异。即便没有，其丈夫也早已不抱幻想，并且已经放弃斗争很长时间了。一般而言，女性操纵者在选择这个人时，他可能本来就没什么斗争能力：客气，热心助人，深情，对事没主见，干活认真、严谨，缺乏自信（除了在自己的职业领域），是个修修补补的能手（这很有用且不花钱！），并且忠诚。这还不是他全部的优点，但你应该已经看出来，他的这些优点可没法帮他“配备”好在婚姻中对抗她的武器！随着岁月流逝，他的优点在女性操纵者眼里变成了可怕的缺点。指责和令人失望的话题如雨点般打下来，但奇怪的是，女性操纵者却不会跟这样一个不完美、难以忍受的男人离婚[1]……

为了忽略自己没有选到如意郎君的失败，自恋型人格之人似乎很容易用同样的眼光看待其他爱侣：他们在某些方面也失败了，或者即将失败！

1 《操纵者与爱》(*Les manipulateurs et l' amour*)，Éditions de l'Homme出版社，2000年出版。

德尼讲述了一件小事：

我第一次带我的恋人去我母亲家时，我要把母亲那辆很宽的沃尔沃从我并不习惯的花园一侧开进去。那侧的角度难度很大。由于我几乎不开车，所以很不镇定。车身的前侧被我稍微擦坏了一些（我母亲一定不会去重新上漆）。就在那个时候，我母亲转向我男朋友并对他说："绝对不要把你的车借给他！"那之后的几年，我男朋友都听从了这话……

埃莉萨则是遭受了恋人之母的操控，惨淡收场。

19 岁的埃莉萨遇到了莱奥，并开始跟他约会。几个月之后，莱奥提议让埃莉萨搬到他家附近的大学生公寓去住。莱奥在家里和母亲还有弟弟生活在一起。夏季时，莱奥独自出发去度假，到国外去与他的父亲会合，父亲在那里开始了新的生活。在此期间，莱奥的母亲时常邀请埃莉萨去他们家吃晚餐。莱奥度假回来后，常常和埃莉萨待在一起，并且最终待在女朋友宿舍的时间要多于待在自己家的时间。从那个时候起，他母亲与埃莉萨的关系便急速恶化。埃莉萨不再被邀请到他们家吃饭。莱奥会单独去见自己的朋友和母亲。埃莉萨感到很孤独、很悲伤。当这对恋人终于决定搬到同一间公寓住时，莱奥的母亲就来不择手段地阻止他们。埃莉萨决定要让莱奥远离他某些具有侵略性的朋友，和他那占有欲强的母亲。莱奥做出了让步。然而在几个月的幸福时光之后，莱奥开始多番指责埃莉萨。事实上，莱奥的母亲每天都来看他们，对一切加以批评，并霸占了儿子的注意力，就好像埃莉萨不存在似的。莱奥对待埃莉萨的温情，无端地变成了怒火。完全知情的母亲便对这一局面加以利用：她每晚给莱奥打电话批评埃莉萨，并邀请他回家来住。她甚至坚持让莱奥独自回来跟她过长假，别带埃莉萨。最终，莱奥收回了他的所有物品，返回母亲家生活，而埃莉萨失去了恋人。从那以后，埃莉萨再没有莱奥的消息。

控制型母亲可能会利用另外一种手段来撼动子女的爱侣关系：同子女的配偶结成联盟来应对自己的子女。她试图"收编"子女的伴侣，而这位伴侣往往是顷刻之间就能被完全控制住的。在这种情况下，简单的收买是不够的。她会借机流露出跟自己孩子的分歧，然后较为巧妙地贬低他。无论子女的配偶说什么话来宽慰受害者，负面影响都已经产生。

弗朗索瓦丝和她的配偶就曾经历过：

我母亲过去总是对我的配偶大加奉承，需要说明的是，他曾在好几年间都是我父亲的心腹。很长一段时间内，我父母都维护他，并往往针对我。我记得我多次对他们说过："你们需要不断提醒我：他才是你们的儿子，对吗？"

自恋型变态人格之人经常让人相信，比起孩子的配偶，她更懂自己的孩子！夫妻自此开始争吵，各自保卫自己。这是一种在夫妻之间制造不和的巧妙方式，而这些夫妻往往本来是很和睦的。由于发生争吵时，争吵的制造者并不在场，受到操控这件事便没有那么显而易见。你要警惕，因为女性操纵者在分裂夫妻关系这方面颇有天赋，且做得让人不知不觉……

德尼记得：

有一次，我们三个人吃饭，我主动提出由我来烧肉：不使用微波炉，只需旋转加热，不会把肉做坏。我只是想要确保吃到食物该有的味道。我不想让我母亲像往常一样糟蹋了这顿饭。可是当我在炉子前面忙活的时候，她过来了。尽管我极力保持平静，尽管我的恋人在场，我还是尖声叫喊了出来，因为她不同意我的方法。我和我母亲都知道我男朋友有一种在我们中间进行调解的才能。就在那时，我母亲转向他并说道："他需要去看医生了！"她知道我犹豫过要不要来看她。在这次短住的几天里，某顿晚餐间的交谈着实让我筋疲力尽。我对她说，从现在起到明年，她有时间来慢慢思考我们争论的那个问题。总而言之，我言下之意是，从现在起的一年内，我都不会再来看她了……

所幸，操纵者与子女配偶之间的和睦关系不会持续太长时间。配偶最终会识别出这种操纵，并努力让自己的爱人意识到其父母正在毒害他，且威胁到了他们的夫妻关系。与此同时，配偶会变得善于保护自己的爱人。但很不幸，还存在另一种相反的情况：当配偶本人也是操纵者的时候！要么具有同样特征的家长和配偶非正式结盟，对受害者进行嘲笑、讥讽、贬低，表现出冷漠，或者把他变成替罪羊；要么相反，从第一次碰面起，他们之间便立即相互嫌恶，且形成一种竞争关系。然而这也不会让控制型配偶承担起保护者的角色。无论与有害家长是结成联盟还是成为对手，控制型配偶自己就会去摧毁自己夫妻关系的和谐性和完整性。

控制型母亲让你远离你的父亲

具有自恋型人格的母亲会去控制，或者力图掌握你与你父亲之间可能会有的交流和爱。如果家里的后勤和孩子的教育由她掌控，那么很不幸，她将会达到目的。在极少数情况下，这种母亲与丈夫之间也会达成难以言喻的同谋关系，而且往往是隐藏的。

卡罗琳把心里的想法通过书信写给母亲，从而向我们证实了其母在这一方面表现出的态度：

我和我爸之间的情况，你永远都不会懂，就你所理解的那一小部分，你也总是嫉妒。只有我父亲能够容忍你、顺着你的行为，你那些建立在长期的、可憎的情感要挟上的行为。你很清楚，以前奶奶的精神状态有多么折磨爸爸，而你却总是拨动这根敏感的弦，来左右他。你也很清楚爸爸离不开你，无法承受相应的后果。我知道这一点，因为他对我说起过！每当你让他濒于崩溃时，他总是给我打电话。就因为这个，你总是不愿意让我跟他单独相处。你以为我永远不会知道你是如何操控他的吗？……最后就连他也受不了你了。在医院里，当他感觉到他永远也无法重复之时，他终于敢当着我的面对你说："现在你满意了？就是你害我患上癌症的！"你看着另一面墙，而我，我为你们感到难为情。这一幕真是让人恶心想吐。

虽然父亲这个角色是存在的，但他却眼睁睁看着自己与孩子相关的责任被解除了，借口是：你不能胜任。最糟糕的情况发生在家里只有一个独生女时，母亲会与女儿创建起一个看似理想的联盟，而这个联盟是排除了父亲的。而当家里还有另一个孩子时，我并未观察到这一特殊的联盟。我并不是在谈论在兄弟姐妹中，有某个孩子备受偏爱的情况，而是指母亲与其中一个孩子进入一种亲密无间的关系之中。对于独生子女，这构成了一个真正的陷阱！

此外，倘若让父亲公开地爱自己是被控制型母亲禁止的，那么提醒一下你自己，你未来的未婚夫会配着何种酱汁被大口吃掉……

控制型母亲试图通过多种方式来让子女眼中父亲的形象贬值。如果父母分手，她会就父亲在家务或是抚养费方面的贡献上撒谎，她会有意在孩子面前轻视其能力。通过这种方式，她绝望地寻求着孩子们排他的爱。如果是独生子女，母子关系会变得不仅默契而且亲密无间，就如同青春期的两个好朋友相互分享彼此的所有秘密。

43 岁的米莱娜是独生女，她很清楚地记得母亲强加于她的这种关系：

从童年时代起，到大概 21 岁，我和我母亲保持着一种亲密无间的关系。我一度是她情绪的垃圾桶，任她倾倒与我父亲的夫妻关系中出现的问题。因此，她激我生他的气，并阻止我看到真实的、闪烁着优点的他。

马蒂厄是我的一位病人。随着我们治疗的展开，他发现他的母亲是一位实实在在的操纵者。事实上，她有多种让人难以忍受的态度，其中包括她在几年时间里都让马蒂厄以为父亲从没管过他和他妹妹，并且拒绝支付抚养费。马蒂厄难以解释清楚为何过去他总是拒绝说出父亲的职业：他的父亲是一位民航飞行员，收入不菲，可是却拒绝帮助母亲抚养孩子，马蒂厄曾对此感到羞愧。然而，多项因素让我想到他的母亲可能并没有那么诚实。于是我鼓励我的病人去联系他父亲，尽管他们已经十几年没联络了。他照做了。让他很吃惊的是，他看到的是一位受伤已久并因为终于有了儿子的消息而整个人心乱如麻（正面的！）的敏感父亲。在多封书信往来和几次碰面之后，马蒂厄在 38 岁时才发现了真相：有数据为证，他父亲一直以来都在支付大笔资金给他母亲用以支持家庭开销！发现了这一可怕的谎言，也困惑于孩子们的母亲想把父亲跟孩子们分开这一行为，这位父亲在给马蒂厄的一封信中写道：

“我一直以为我转给你母亲的钱能给你和你妹妹带来益处。有一件不可原谅之事，在我心里造成了很大的负担：当时你还小，跟你妈妈生活在一起，有一天，你告诉我暖气坏了，修不好了，需要换掉。我没去做这件事，因为我当时想，你母亲会去买电暖气，然后像平时一样把发票寄给我。后来，这个关于暖气的问题浮现在我脑海中，当我意识到她并没有去解决它时，已经太晚了！如今，一想到这件事，就总是让我极为忧伤……”

再者，说起见不到孩子给他带来的痛苦，父亲写道：

“这些年，我都是靠与我的小宝贝们有过的回忆在生活。这在你看来或许愚蠢，但确实如此。数千次，我每每想到你，都感到沮丧。8 年或 10 年前，我意识到若是再见到你，我面对的将是一个 35 岁到 40 岁之间的大人了，便犹如被泼了一盆冷水！

于是，我一度相信，我不会再见到你了。就是在那个时候，我决定寄一封长信给你妹妹，就过去这些年里发生的事，给出一个我的版本。希望你们能基于事实得出一个评判，最终我考虑，父母双方的观点你们都有必要知道。我想，我们之间有很多话要说。如果你想见我，对于我而言，那将是莫大的幸福。”

离间亲子关系

在离异或争夺孩子的抚养权时，一位家长对另一位家长横加指责的态度是很常见的。有时这样的指责是无端的，尤其是当目标家长并无过失时。当一位家长因与配偶关系破裂的打击而受伤时，表现出这样的态度，一般不是一种刻意的、深思熟虑的策略。此时的指责，更多的是一种情绪反应。所以，它不会长期地重复出现。

但一位具有自恋型人格的家长则不同：贬低对方并非处在气头上的表现。那是一种巧妙的、刻意的手段，以使孩子离开“犯下胆敢终止夫妻关系之错误”的另一位家长。其目的是毁灭他们之间的眷恋关系。这形成了一种真正的报复策略。通过反复洗脑，让孩子不再尊重另一位家长与生俱来的角色和权威。不仅如此，自恋型人格的家长还会操控孩子的思想，让其生出怨恨，随后孩子自己就会大骂另一位家长。而这位家长则成了双重受害者（伴侣具有自恋型人格已经令其为此颇为遭罪）。夏洛特给出了一个相关实例：

一年前我离开了我前夫，在这之前我们共同生活了 24 年。我们有三个女儿，她们现在的年纪在 16 岁到 21 岁之间。他反复对女儿们说我疯了、歇斯底里、咄咄逼人且有妄想症。他要求孩子们表态，加以要挟，让她们不再见自己的奶奶，因为她跟我走得近。并且，他成功了。

最小的女儿由我们轮流抚养。她从她爸家过来我这边时常常会表现得很尖锐，她会大喊大叫，乱要东西，拒绝沟通，冷漠地回应我的情感表达，在离婚这个问题上站在她爸那边，并试图向我套取离婚程序的进展信息，等等。

在 1985 年，这一现象促成了一个新概念的诞生——离间亲子综合征（SAP）。它是由儿童精神病医生理查德 · A. 加德纳（Richard A. Gardner）引入的。在这一综合征中，孩子受到双亲之一的教唆，以一种持续的、过分的方式，毫无根据地贬低或侮辱另一位家长。一个能让离间“成功”的要素是：孩子自己也不再尊重目标家长了。

这一概念尚未得到科学的充分验证，尚不可作为明确的定义，用以描述孩子身上的一些公认症状。所以离间亲子综合征这一说法作为障碍名称来使用，既未得到医学界的认可，也未被司法界接受。[1] 这是否意味着并不存在离间亲子关系这种行为？在我看来，并非如此，基于对特定态度的观察，可证实离间方家长确实实施过破坏手段。

理查德 · A. 加德纳描述了离间亲子综合征的 8 种症状，或许我们可以把它们描述为，可在此类孩子身上观察到的态度或行为：

- 针对目标家长的诋毁和怨恨攻势；
- 这一诋毁或怨恨显得不太合理、荒唐且不具备太大意义；
- 面对目标家长，缺乏常见的矛盾情绪[2]；
- 确定自己能独自做出离开那位家长的决定（“独立思想者现象”）；
- 有意在冲突中支持自己喜爱的那位家长；
- 对于被离间家长所遭受的对待缺乏负罪感；
- 使用从离间方家长处借来的剧本以及台词；
- 不仅诋毁目标家长，也诋毁其大家庭和朋友。

根据孩子表现出以上症状中的几条，我们能够知道我们将要处理的是轻度、中度还是重度的离间亲子状态。

要注意，这一概念仅适用于如下家庭情况：孩子断然拒

---

1 2012 年 12 月，美国精神病学会宣布，SAP 暂不列入《精神疾病诊断与统计手册》（第五版）当中。从 20 世纪 80 年代起，SAP 引发了一些论战。多种批评指出，在解释孩子和家长之间为何能够被离间这一问题上，这一概念缺乏对于其他因素的研究。加德纳对此做出了回应。他提醒大家，判定 SAP 的主要标准在于，离间方家长会对孩子进行洗脑。如果未发生此情况，就不是 SAP。
2 “常见的矛盾情绪”即诸如“又爱又恨”的情绪。——译者注

绝再见他的另一位家长，且这样做并非出于保护自己不受侵害（如性侵）或者虐待的目的。

然而，有可能存在这样一种矛盾：如若操纵者为教唆孩子所做的尝试失败了，且孩子自己拒绝到这位控制型家长家里居住哪怕只是两天，那么这一位家长会利用这一情况来控诉那位让人安心的家长实施了亲子离间计！就这样，控制型家长会借用这一概念来操纵正义，试图把自己变成受害者。

在追逐这样一种病态目的的道路上，孩子可以成为致命的武器。具有自恋型人格的男性和女性拥有着十足的精神病特质，会去尽力离间他们的孩子和他们的前配偶（或伴侣）的关系。通过阻挠后者获得未成年孩子的主抚养权，来惩罚其竟敢离开自己的行为，这一手段实则是一种证明自己权利和能力的方式。逆境、冲突，随之到来的诉讼丝毫不会削弱他的力量。相反，他会在这种有害身心的气氛中获得新生。并且，如果孩子也在其中贡献了一分力量，你可以想象他能从中得到的乐趣，即使仅仅只是在自恋方面……

在青少年时期，达维德曾经历过这一现象：

很显然，我落入了陷阱里，并因为我父亲和他的新一任妻子而疏远了我的母亲。他们暗中促使我在她和他们之间做出选择。对于一个孩子来说，没有父亲是难以接受的，而当明明父亲存在，还不能拥有，就更加难以接受……

阿代勒则更加清晰地描述了由她的父亲和继母实施的亲子离间计：

我在将近12岁的时候从邻居处获知，我父亲在外面还有一个女人。我母亲收拾了行囊带着我们搬到距离500米开外的地方去生活。这样，我们就可以在两个家庭之间自由来往。我们离开大约两个月后，爱显摆的N.就搬到了我父亲家里。这是一位具备了全部30种特征的操纵者。她真是差点杀了我……

N.真是安下家来了：她开始了彻彻底底的翻新工程：从室内装饰，到我父亲的衣着风格，再到外出活动的安排、来往的人，等等。我父亲变成了另一个男人。我哥、我妹和我见证着这一切，无力又迷茫。当我们三个都在的时候，他们会强迫我们做游戏、开展活动，着装、举止、饮食制度也都是强加于人。没有什么是碰巧发生的。她不停地对我们重复："你们是没受到过教育的小孩，为了你们父亲的职业生涯，你们要传递出美好的形象，要展示出你们终于得到了良好的教养。"当我们自在玩耍的时候，N.会突然过来，指责、辱骂我们。伤人的话语涉及外貌、精神、智力。我哥哥壮硕、笨拙，被叫作"邋遢鬼"；我脆弱又内向，被称为"窝囊废"；我妹妹果敢且易怒，被说成"讨厌鬼"。

一年之后，我经历了一次操纵阴谋（早已不是第一次了）。看到我父亲为这艰难的离婚以及这差异过大的新生活而绝望，他面部的表情在我眼里仿佛在诉说："你母亲离开了，孩子不在身边我很孤独。"为了让他高兴，想要减轻他的痛苦，我提议说我去他那里住。我话音刚落，他就立马挂断电话，联系他的律师去了。"节目"即将开演。

几天后，母亲来接我们时，三个孩子只接回了两个。他们不允许我向母亲做出任何解释，只给了她一张我手写的字条，内容是我父亲口述着让我写的。我当时真想大声吼出我的怒火。我透过窗子瞥见了我妈妈，她因为痛苦和不解几乎要崩溃了。我的哥哥和妹妹在哭泣着……我也在哭，躲进房间里，既羞愧又愤慨。我被下了套。在12岁的年纪，被从母亲身边夺走，并且在多年间，他们一直让我以为这是我的意愿。

为了让自己看起来很有良心，我爸和他妻子（她搬过去一年后，他们结了婚）允许我每半个月见一次我妈。然而，当他们看到我拽着母亲家楼梯的扶手，不愿跟他们回家时，便很快改变了主意……我当时是如此绝望，不知道该说点儿什么，做些什么。母亲也一样无措。她明白了其中的进退两难，也担心会发生更糟糕的事。她什么也没做，或者说什么也做不了。

我有7年没见过我妈，而她就住在距离"我家"500米远的地方啊！

我度过了怪异的青少年时期。我变成了一名乖巧的小士兵，服从且忠诚。我甚至说过我母亲是"世界上活着的女人当中最差劲的那个”！我还说过一次：“她死了更好！”在那段时间里，我父亲和继母重复着这番话，还用谎言和粗话来让它变得更刺耳。

他们强加给我的一切，我最终都适应了，这大概也是出于自我保护。我没再见过我哥，他当时做了与我相反的决定——再也不来“我们”家。我妹妹后来还来过几年，我很恶劣地对待她，甚至都不看她。她最终也不再来了。我变得可憎、沉默、冷漠……可是在我内心深处，暴风雨肆虐着。

并非所有在打离婚官司的操纵型家长都会做出离间亲子的行为。事实上，部分操纵型家长并不追求把子女留在身边，因为这会给他们带来不便。他们既不乐意做出让步，也不乐意思考新的活动，还不愿意失去自由。所以，如果想让孩子固定地住在前配偶家里，那么，激烈地中伤对方并不符合逻辑。

另外，多亏了我从 1993 年起跟踪的其他临床案例，我发现以上提到的 8 种态度，并不一定与一方家长的离间行为相关，而是关系到另一种更可怕的原因：孩子本人就是操纵者！他有着 30 种特征中的至少 14 种，并且这是从童年时代，大约 4 岁时就开始的。这让人会把他与早熟的孩子混为一谈……对于家长来说，意识到自己的一个孩子表现出这样一种病态，会使他变得不知所措，尤其是当孩子年幼时。因为不愿让孩子带上精神疾病烙印的渴望比什么都强烈。在法国，整个社会、儿童精神科医生、儿童心理学医生仍然抗拒给出如此悲观的诊断。

我理解他们的想法。然而，养育过这类孩子的家长所获得的经验，以及在后来几年中发生的事实更需要理论去论证相反的情况。也就是说，若他们还以孩子还小为借口，就无法给孩子做出真正的诊断！在我看来，同时入侵了精神病学和心理学领域（在当今的法国仍旧如此）的精神分析法，对此负有责任。因此，为了弄懂子女“奇怪且邪恶”的态度而前去咨询的父母，从未得到真正的答案，而仅仅得到一些可能对他们有意义的猜想。我或许有些唐突，但我观察到，所有成年操纵者身上的大部分特征，都是在孩童时期就已具备的！因而，如果在孩子身上观察到与离间亲子过程中采取的手段同样强烈的行为，那么去证实一下“攻击健全家长的邪恶意图来自孩子本人”这一猜想反而是明智的。在此种情况下，孩子完全就是具有自恋型人格之家长的同谋，同样地蔑视其他人类。

即使《精神疾病诊断与统计手册》（第四版）中说明仅对成年之后的患者做出诊断，但具有自恋型人格的孩子这一主题应当得到更多的研究和证明。社会需要多长时间来接纳这种可能性？或许是在某天的另一本书里……

他们贬低你

操纵者会抑制自己孩子的自信。传统的父母、正常的人类都会慷慨地给予子女关怀和爱。大多数具有自恋型人格的母亲也会给孩子提供日常照顾。但具有“变态型人格”的母亲并不属于此种情况（我们之后再来谈论）。

“不吝惜给孩子的爱”在她们那里，变成了另一件事！这类母亲掌握了这样一种艺术——定期提醒别人她们为孩子做这样或那样的事情完全是“出于爱”。然而说辞与现实之间……

即使部分孩子愿意相信这一说法，以谋求生存。但很多人在成年之后表明，自孩童时期起，就从未感受到自己被接纳、被爱。

我曾阅读过很多封这些女性写给她们女儿的信。措辞尖酸、暴躁，字里行间读不到爱。然而，这些母亲署名往往都是“爱你的妈妈”。真是维护关系、支撑幻想的妙计，不是吗？

所有操纵者都会没有分寸地去让他人有负罪感。例如，一位控制型母亲让孩子们对自己的疲惫负责（甚至是当孩子并不在场，或是当她并没有干活的时候！），她让孩子们为自己肉体或精神上，想象出来或真实的疼痛负责。这些孩子对这位大人的影响可真大呀！在控制型父亲那里，针对他的疲惫，我们尚未发现其令人内疚的指责。

当然，语言可以制造出内部的、喧闹的骚动。但有时令人内疚的方式却是无声的，并且能在作用对象的灵魂和内心深处制造出很大动静。

一个孩子会以早熟的方式学会破解其病态家长那无声的语言。无论是否有意识，他都能探测到这位家长的情绪状态，且尤其会去留心其对不满的表达。他可能会认为自己是造成这种失望的原因，并会让自己承担起弥补这一错误（想象出来的，或是夸大了的）的任务。孩子从 30 个月起便能有羞耻感；12 ～ 18 个月之间开始懂得禁止概念。知道这些，是有意义的。至于做了坏事或者说了坏话而引发的负罪感会在哪个年纪出现，则取决于家庭教育。我们很容易想象，在我们关注的这种情况中，孩子将是早熟的……

此外，你将会注意到，无论孩子几岁了，控制型家长都倾向于将他们视为不成熟的、未成年的！

洛朗斯一直在努力弄懂为何她父亲做起事来总是把自己放到高于她和她弟弟的位置：

他依旧并且总是把我看成 5 岁的小女孩，可我已经 18 岁了。但另一方面，他又让我肩负起很多责任！

另一位女士给出了以下证明：

我父亲是个操纵者，他总是贬低我。我取得了多个学位，并担任着负责人的职位。尽管如此，我在他的目光里还是看不到赞许。因此，我觉得自己一无是处。外貌上也是，虽然我既不胖，也没有任何畸形，我还是觉得自己难看。总是由他的孩子来对一切负责（对于我的两个弟弟来说，也一样）是他的主旋律。如果他们遇到什么困难，那是他们自找的；其他人总是洁白如雪。我最终彻底与他断了联系，因为他固执地要积极维系与我女儿父亲的关系，作为操纵者，他很清楚这样做会让我痛苦。哪怕我到了41岁，他那些尖酸的意见依旧劈头盖脸而来……

一般而言，操纵者在沟通中常使用讥讽的话语。家长即使在面对自己的孩子时，也会用同样的方法来打压他或贬低他，当着其他人的面让他不自在。无论孩子几岁，他情绪上的反应都会给家长机会说自己是在展现“幽默”，而这孩子理解不了其中的巧妙。这可令他又多了一项缺点！但那讥讽并不是单纯的、逗趣的幽默，而是一条挑衅的信息，通过智力而并非情感的交流传递了过来。讥讽是“刺痛”对话对象，幽默则是让人发笑。

以下是贝雷尼丝八岁半的儿子与其控制型父亲间的案例：

自打他出生起，他父亲就没对他付出过感情。他打压他、贬低他。当时我们周围的人都感到很惊讶。但自从我们分开后，这位施行虐待的父亲成功地说服他们当中的好几个人，让他们相信他才是受害者，而我不公道地把他赶出了家门。就像他以前会对我做的那样，他不停地戳我们的儿子，让他遭受一些小型的袭击，例如让他失去平衡的小推搡，并美其名曰为英式幽默。周围的人很震惊，但还是被这种小幽默逗笑了……这鼓励着他父亲继续那样做。

杀伤性话语

我建议你读一读我编入书面实例中的诋毁型说辞清单。我把它们称为“杀伤性话语”。

操纵者在其整个一生当中，面对不同人会重复相同的抱怨、争论还有抨击！然而，其说法是不可靠的，甚至是与现实相反的。

我的病人在生命中的不同阶段，都听到过他们的控制型家长定期重复这些说辞当中的大部分内容。

此处涉及的是同一类型的父母，为了便于大家了解。我进行了精简，并以段落的形式呈现。

“你只是一个小女孩！”

“你曾经是一个自视甚高的小女孩。”

“你真是个讨厌鬼！婊子！”

(从女儿七岁起，当她提出母亲言行不一致时，母亲会对她说出这样的话。)

“我的女儿们在感情生活中真是没有天赋。”

(当着两个女儿之一的面，母亲对其他人如是说。)

“真是难以置信！你父亲拿到了文凭，我能理解，可是你……”

(母亲对取得法国高中毕业会考文凭的女儿说的话，问题是她自己从未取得过。)

“孩子们意识不到，责任都落到了外婆身上！”

(母亲对刚刚生了第三个孩子的女儿说的话，就在诊所里。)

“我受够了每天换10次衣服的‘夫人’了！从今以后，你自己洗你的衣服。”

(母亲对12岁的女儿如是说，并且从那之后她就真的这么做了……)

“你可以拉屎在桌子上，你爸什么都不会说的！”

“学医？家族里从来没有过学医的人！你学不好的！应该睡睡觉，当当英语老师，像这样你能享受所有假期。对于女人来说，这样比较简单，尤其是想要孩子时。”

（当时她女儿已经取得剑桥大学的学位，在做住院实习医生了。）

“只有一个女儿，而且是一个像你这样的女儿！”

“一定是蠢透了才会上那么多的学而挣那么少的钱！”

“你看上就像个妓女！”

（当她已经成年的女儿刚给自己买了一条时髦的、开叉但不醒目的长裙。）

当她女儿朝着门口走，准备去学校的时候：

“你要去哪儿？你不帮你爸吗？”

（在卖当日套餐的时候负责收银。）

“我要去学校了，我有作业。”

“你就是个烂货！既然这样，就永远都别回来了！”

（在一种令人悲痛、焦虑且具有破坏性的气氛中，这个年轻女孩真的这样做了。这逼得她去帮忙做家务以换取免费膳宿，从而可以学习英语！）

“我不会对你说我的儿子是个好人……”

（母亲对房东说的话。当时她正陪她 23 岁的儿子看房子，房东需要决定把公寓租给谁。这可是一个井井有条、安静沉稳、学习认真的男孩啊！房东将不会把公寓租给他……）

“别像这样总是在说你是同性恋！”

从青春期起便对儿子说：

“你不会穿衣服，胡子没刮干净。你很丑！”
“如果你这样出门，你会吓到人的！”

最近甚至在说“你会吓到人”的时候不加任何限定（当然，男孩外貌上没有任何异样之处可以支撑这一评论）。

“你是个怪物。”
“你是个疯子，不合群的家伙。”

“你是个见利忘义的人。”

“我可不是为了带孙子孙女而生的！我已经养育了你们了……人人都有自己的苦恼！”

“你一无是处……你长那么大也从没做过什么好事。”

“你一直都凶恶又无礼。”

“你嫉妒你弟弟（或者你妹妹，视情况而定），你向来如此……”

“你既无特别之处，也毫无个性，你什么也做不成的！你总是有办法把面包片掉在地上，而且是涂好了果酱的那面着地。你就像你妈一样，注定失败。”

（从女儿 9 岁起，父亲便这样对她说。）

“你是个自私鬼。”

（父亲对他 8 岁的儿子如是说。）

“你会成为流浪汉的。”

“那谁！”

（一位父亲这样叫自己的儿子……）

“我实在难以相信就要为这个毛孩子举行受诫礼了。”

（犹太教的成人礼。）

“别再保守老套了，也别再自以为是个老练的成年人了！”

（年满 18 岁的儿子终于敢于说出自己的想法时，他父亲却这样对他说。）

“我们等着瞧，到你死的时候，你这些信誓旦旦的决心会带来什么！”

“你更像是个报复心强的人。尊重父母这件事……你并不太懂。”

“那么你啊，你是从猴子进化来的！”

（在讨论达尔文的进化论时，一位继母这样说。）

“臭烂小孩。”

真是让人大开眼界，不是吗？这些句子是极少会当着其他见证人的面说出来的。控制型家长所使用或者说滥用的贬义话语可涉及宽泛的层面。它们被表达出来时，可能是：错误的断言（“你是个自私鬼”）、侮辱性的称呼（“婊子！”）、伤害人自信或自尊的拐弯抹角（“别再自以为是个老练的成年人”），甚至是对悲惨生活的预言（“你会成为流浪汉的”）。说出这些句子时，既非由于疏忽，也非一时生气：它们是循环反复的。每一位操纵者都会针对他的某几个孩子使用相同的二十来个字的“杀伤性”话语。在第四章中，我们将会读到，并非所有的孩子都经受着相同的诋毁；我会对我所谓的“杀伤性话语”和“疯言疯语”进行区分。后者更多是关系到操纵者完全不真实、不理性的世界观。

大有潜力的早熟孩子之案例

我之所以讨论早熟的孩子这一主题，是因为很多被虐待的男孩女孩们，即替罪羊小孩的案例，往往涉及那些所谓天赋过人、早熟或者大有潜力（HP）的孩子们。他们会更多地勾起自恋型父母的敌意和攻击性。

操纵者有一种很明确的倾向，无论涉及什么主题，但凡有人懂得比自己多，就渴望令其丧失威信。面对自己的孩子，他也会采取同样的举措。因为他自觉受到了威胁，担心别人觉得自己技不如人或觉得自己平庸的恐惧侵袭着他。他把自己放到敌对的位置，同时，产生出强烈的嫉妒……

那些厌恶的、轻蔑的话语关系到这个孩子自然状态下表现出来的智商、知识水平及技能水平。孩子成年之后，情况依旧。

卡罗琳给我们誊抄了她母亲写给她的话：

“你满足于表象。你总是坚信你确信之事。你知道这，你知道那……不，你根本不知道！”

达维德提供了一个更为微妙的案例，关于有毒害性的想法：

关于我向我父亲借的一本不太常见的书，他寄了一张字条给我：“我借给你的那本关于德雷福斯事件的书，我很乐意知道它的消息。我不确定你是否读了，甚至不确定你是否真的想读。”

达维德热爱历史，并且是该领域的导游。为什么他会没有读？他父亲的怀疑完全是错位的。

控制型母亲是善妒的。一旦年轻的女儿表现出极大的智力潜能，母亲内心的企图就会激活，去打压或破坏女儿各方面的自信。此外，还有一种奇怪的内疚感也会在女儿身上被激活，即在某一领域超越母亲将是不可饶恕之罪。

很长时间以来，艾丽斯体验着这一情形：

在我的整个青年时代，我母亲总在指责我某句话说得不合时宜或者我理解有误。她尤其爱对我唠叨：“你要知道，真正的聪明，是内心的聪明！”（暗示我，她才是真的聪明）。我上学时，根据别人的建议选择了学习化学工程。然后，从35岁起，我最终选择了当一名数学老师。

达维德讲述了他父亲和他继母一贯的挑衅态度：

在饭桌上，针对当日在犹太教堂里诵读的《摩西五经》的那一章节，我们家每个人都会讲一小段话来表达自己的看法。某天晚上，通过汲取当天在学校里学到的一课，我在餐桌上兴奋地发表演讲时，他们开始起哄，并贬低我的言论。随后，由于我不理解他们的行为，他们责骂了我。当时我11岁。

我父亲的妻子反复地贬低我，当我在饭桌上发表讲话时，我无数次听到做着怪相的她说：“我从没听说过这个！”就好像我所说的是夸大的、捏造的、没有价值的一样。

如果孩子的学习成绩非常普通，但教师仍旧在他身上发现了潜力，遇到这种情况，具有自恋型人格的家长会拒绝为检验这种潜力而做出必要的努力，例如带孩子参加智力测验。

如果另外一位家长坚持要做这一测验（WISC：韦克斯勒儿童智力量表），且结果明确显示孩子的智商高于130（总体智商水平［quotient intellectuel global］），那么控制型家长，尤其是父亲，会全面反驳这一结果的效用，且会表现出近乎生气的惊人情绪状态。他将会禁止给孩子换个新的学习环境，或者提供更为适宜的休闲活动。

这位操纵者难道不是在恐惧自己的孩子（这类情况尤其常见于同性亲子关系中）可能因为突然得知自己拥有超乎常人的智力潜力，从而重拾自信？在此情况下，孩子必定能够更好地抵抗所有打压、贬低自己的行为，甚至可能开始蔑视这位如此该被批评的家长……

如果出于某种原因，让你的孩子做这项测试是件重要的事，那么这项测试应当由一位心理学家来主导。我建议你不要事先通知那位控制型家长，而且如果结果是很具说服力的，就更不要让他知道，事后也不要！

以下是达维德的亲身经历，这一案例中控制型家长的反应是很常见的：

得知我智力超群之后，我立刻向他们宣布了这一消息。那一天我 40 岁，心里波澜起伏。我爸的妻子冲他哼着说："你给我们生了多好的一个儿子啊！"她的语气里满是讥讽。

达维德总结道：

就这样，恐惧感一直在暗中涌动着。他们把他们自己做的坏事、自己的空虚归咎到我头上，却从不质疑自己。我被迫保持沉默。我脱身的唯一的方式是，采取与我本性并不相符的行为。作为一匹智力超群的“斑马”[1]，在一个原教旨主义家庭里长大是最糟糕的事。就如同那些“生活”在独裁统治下的艺术家，要么永远都无法施展自己的才华，要么只能在监狱中度日。

不着痕迹的虐待

大部分控制型父亲会设法不让自己对妻子或某个孩子施行的虐待在肉体上留下痕迹。一般而言，受虐的孩子会是一个男孩，一个不像他或者有可能超越他的孩子。

贝雷尼丝刚刚做出了一个十分重要的决定——让她的一个儿子远离父亲。以下是促使他们下定决心的几点观察，不无教育意义：

我八岁半的儿子在他父亲家（我们已经离婚）度过了糟糕的复活节假期。周末我把他接了回来。当着他爸的面，他看上去蛮好的，但上了车之后他就开始哭。哭了一个小时，边哭边给我讲述了以下事件：

---

1 让娜 · 西奥 – 法金（Jeanne Siaud-Facchin），《太聪明所以不幸福？》（*Trop intelligent pour êtreheureux？*），2008 年于法国由 Éditions Odile Jacob 出版社出版，2015 年于中国由生活书店出版有限公司出版。

● 当他们坐在桌前玩桌游时，他提出想上厕所。他爸竟然不让他去！小孩最后尿到裤子上了……他父亲冲他吼了起来，把他说成“动物”，让他立刻去洗澡！

● 他父亲强迫他穿不太方便的匡威牌鞋子，然后把他称作“蠢货”，因为那双鞋让他脚疼，并且孩子不会自己系鞋带（他爸并没有教过他要怎么系）。

● 他爸要求他替自己洗碗碟，然后对他的兄弟姐妹说他们刚才吃饭用的盘子是脏的，因为他没有洗干净。

贝雷尼丝让她的儿子写下所有想对爸爸说的话。以下便是小男孩写下的话：

“爸爸，

当你：

● 因为我不会穿匡威鞋而把我称作蠢货的时候；

● 你吼我的时候；

● 你说我没有脑子的时候；

● 你爱姐姐多过爱我的时候，

我都不喜欢。”

这位母亲继续道：

一年前，我儿子七岁半。假期期间，他父亲违背他的意愿，以他长虱子为由，给他剃了头。孩子整个夏天都在抱怨“像这样很丑”。

这位父亲侮辱、贬低这个孩子，不对其付出感情，程度之甚，导致孩子因此做的噩梦越来越频繁也越来越清晰。以下是他说到的一类噩梦，最近他还把它画了出来：

有人开车把他带到了高高的悬崖边，然后把他推了下去。悬崖下面有食人鱼。他说，开车的，是一名男性。

后来，噩梦确实变得更加清晰：

“我梦到爸爸逼迫我喝酒。”
“我梦见当我在玩任天堂DS的时候，有人来到我的床边杀我。”
“我梦到爸爸来我的床边杀我。”

最近，他父亲让他写下了如下这份“约定”：

“目标：让爸爸为我而骄傲。
尽可能帮助他；
只要我一份作业也没完成的时候，就决不看漫画书；

在任何方面都做到最好；

照顾到他人的物品（仅仅当椅子和沙发上什么都没有的时候，才能坐上去）；

捡起地上的所有物品；

每顿饭后擦桌子；

不哀怨、不哭泣；

经常洗碗；

每顿饭前摆放餐具；

不打女孩子；

不吃太多麦片；

要做一个机灵的人，去做有用的事；

要为他人考虑；

说话再大点儿声；

在餐桌上要注意吃相；

对其他人彬彬有礼；

不要等着别人来为我做所有的事。”

贝雷尼丝发现，像这样，他八岁半的儿子就得收拾一切。除了自己的衣服，还要叠他爸爸、姐姐还有弟弟的。他父亲为自己开脱道：“我，我一直都叠衣服的！”贝雷尼丝补充说：

“以前，当我们还在一起的时候，他就是把我当女佣，到了

40 岁都还不自己整理衣物……”

这种情况是令人担忧的。如果小男孩不曾对母亲讲起这些事，那么母亲不会知情，这样的情况就可能再继续好几年。在日常生活中，给一个孩子强加超越其自然、合理之能力范围的任务及锻炼，就是我所说的虐待。只有贬低是不够的，侮辱也会加入进来。那么很有必要问一个问题：为何这位父亲在三个孩子当中，仅仅针对这个儿子呢？

贝雷尼丝咨询过的多位精神科医生、心理医生及治疗师给出了下列解释：

● 这个孩子在兄弟姐妹间的排行跟他父亲是一样的（其父也是中间的孩子，上面有一个姐姐，下面有一个妹妹）。

● 他似乎是个早熟的孩子（近期将进行测试），所以他的父亲嫉妒了，因为儿子很自然地将大人们的关注都吸引到了他身上。

● 他身材矮小，很可爱，敏感又客气，智商高，而且戴眼镜……

● 贝雷尼丝补充了自己的理论：

“在他刚出生的头几个月，这个孩子曾患过严重的胃食管反流。他很难受，躁动不安，一直在吐。我当时还带着他两岁大的姐姐，没有人帮我。我筋疲力尽，直到终于在一位儿童胃肠科医生那里找到了合适的治疗方法。从那时起，他父亲似乎就开始嫌恶他。总的来说，他受不了生病的人。我自己也患过甲状腺癌，他从未给过我支持。”

根据我的经验，第一项解释站不住脚。因为大量的案例显示控制型家长的替罪羊小孩，在兄弟姐妹中的排行并不是固定的。有可能是老大、老二或是最小的。关于这一主题，我尚未找出规律。

相反，在相似案例中，另外三种解释是极为常见的。

达维德所经历的事件与上述事件具有可比性。他父亲具备28种操纵者特征，而他继母（他父亲的第二任配偶）具备22种。这两位家长交替实施了侮辱行为：

去滑雪胜地度假期间，某天晚上，我父亲的妻子帮我报了名，参加三颗星级别的高山滑雪课程，然而我还没达到那一水平。她当时很奇怪地坚持要我留下来学习，不顾我的恐惧，也不顾女教练员建议我降一个级别的劝告。当晚，看到我在这些于我而言难度过高的课程面前迈不开腿之后，我父亲对我说关键是要开心，让我去上别的课。然而第二天上午，他妻子再次确认我将去上三颗星的课程。我哭了起来，期待着我父亲昨天晚上承诺给我的支持，他却冲我吼道：“我不会再去烦人家给你改课程了！”我当时11岁。

每周六，我都会被“告上法庭”。因为我不喜欢吃蔬菜，且尤其不喜欢土豆（事实上，我不喜欢的是他妻子做的口味）。于是，我总是准备好了定期坐到被告席上，接受经过低级且专横的调查之后下达的判决。我父亲不喜欢吃胡萝卜丝，却没有人会因此让他吃官司。

在我父亲再次结婚之前，我是睡在地上的。当我对踩到我的兄弟姐妹们说“我又不是一块地毯！”的时候，我爸乐了。他在后来的几十年间都把这事当作笑话来讲……

她破坏女儿的成功

人们认为父母会为了使子女比自己成功，而愿意去做一切，大多数时候那确实是真的。但有一种情况除外：家长具有自恋型病态。换句话说，控制型家长是绝对不会希望子女超越他的！

大众普遍认可的成功，存在于可从实际及经济角度量化的成功之中：取得名牌院校的一个或多个学位、从事社会地位高的职业、生活滋润、拥有房产、夫妻关系稳定、生了“漂亮的孩子”、孩子的学习成绩好，等等。

如果，成功更在于内在的成长，在于达到自己的目标，在于实现梦想，在于发挥个人价值，在于获得幸福呢？在本书中，我不会花时间来探究这一主题。因为那会偏离我们关心的话题。但你要知道操纵者擅长于在精神层面让人相信其人格，可实际上却并不一定与之匹配。因此，尽管很多控制型家长醉心于那些富有哲理的美好言谈，但他们看重的仍是通俗意义上的成功，这种成功归根结底是纯社会性的。他们评价他人时，亦是基于这些再普通不过的标准。

当读到超级自恋型母亲的女儿们的证词时，我很惊讶地注意到，这些母亲使用了大量手段，来阻碍女儿享有取得学业成功的最优条件！[1]

要么这些母亲鼓励她们过早地离开家庭；要么就算有能力，也不会在她们的大学阶段给予足够的金钱。如果想要取得成功，女孩们就不得不在学业之外，全年都做一份或多份兼职，以支撑她们的日常生活开销。母亲们也会使用其他更为高明的手段。在以下萨布丽娜的案例中，我们就能看到其中两种：

我父亲不辞而别离开家后，留下来很多他的个人物品。其中有一台摄影机，那是他生日时，我和我母亲一人出资一半，送给他的礼物。我母亲从来不知道如何使用它，我父亲走后，我就成了唯一会用的人。在大学里，我和三个朋友启动了一个短片拍摄项目。剧本、场地和日期敲定之后，我们

1 我尚未搜集到来自控制型母亲的儿子们的证词。

就只差找到一部摄影机了。我当时是唯一能够提供的人。于是，我请求母亲允许我使用爸爸的摄影机，她同意了。到了原定好的那天上午，我准备去取的时候，妈妈却阻止了我！她改变了主意，且我不记得她就这一拒绝给出了任何理由。那一次，我很努力地让她理解这会给我造成麻烦的，且不提这让我在朋友面前感到自己很傻，但她完全听不进去……我到达拍摄地点时，因为没有带来摄影机而感到羞愧又尴尬。没能够信守承诺的我，感觉糟糕极了。这一羞愧感和那敢于要求东西的内疚感折磨了我很久……

在破坏这个问题上，以下是另一个小事例：

我已经通过了机动车驾驶执照的理论考试。接下来需要学习实际操作，通过上车考试，最终取得驾照。我母亲来做我的教练。不幸的是，她从一开始就不乐意教我，推脱说本该由我父亲来承担起这个任务！可在我17岁的时候，父亲就离开这个家了。我多次向母亲解释，没有她的帮助，我的理论成绩毫无用处，她才终于同意让我上车操作。我们刚开了大概300米，她就叫嚷着让我下了车，并说我要把她的车弄坏了！从那之后，我就再没碰过她汽车的方向盘……

仅仅在20岁彻底离开家之后（我终于实现了我的自由梦），我才开始攒钱到驾校报名学习，准备考试。为此，我不得不重新考了理论，并在22岁时才终于考了实践……

尽管阻碍重重，可女儿仍取得成功时，病态的母亲会交替表现出两种态度，这取决于是否有外人在场，且尤其取决于其美化个人社交形象的需要。因此，她能够在你不在场的时候极力恭维你，过度频繁地反复对想听到的人说“我的女儿真是了不起……”。相反，在熟人之间，称赞你的话语和对你由衷的祝贺是少之又少的。

索菲注意到她母亲这种做法甚至推广到了她的孩子们身上，即面对外孙时：

如果她的外孙们看似将要获得成功，她会惊讶道：“这真令人难以相信！”但当这位外祖母不得不接受现实时，她会说自己感到骄傲，并总结说：“这是家族遗传的！”

自恋型母亲会为其子女的成功或职业上的成就洋洋得意，然而她在其中并未做出什么贡献，或者贡献极小（出于吝啬，或出于惧怕女儿超越自己）。孩子周围的人料想不到或者无法想象，这位如此以他为傲的讲述者曾有多少次暗中破坏过这一成功！除非孩子让他们发现真实的版本……

你或许注意到了，就这一主题，我没有谈到儿子，而仅仅谈论了女儿和那些母亲。原因很简单：我没有听说，也没有掌握相关案例，证明控制型母亲的儿子亦遭受了此种类型的破坏。所以，出于完整性和严谨性的考虑，我不能将一种观察推而广之。相反，具有自恋型人格的父亲也会对自己的某个儿子做出相同的事。

他无法容忍儿子超越自己

为数众多的拥有自恋型父亲的男孩在成年之后会意识到，他们的父亲从他们的学生时代起，就或多或少巧妙地破坏过他们获得成功的潜能。

与控制型母亲相反，拥有此种特质的父亲会热衷于介入其子女的课业。但收效并不好！这位伪完美主义者通过苛求自己的孩子，尤其是某一个儿子完美地完成所有作业，来给人以假象。他并不关心儿子在那个年纪当拥有何种成熟度，也不担心儿子的劳累或是考虑他可能有的学习障碍，例如诵读困难。父亲坚持要求儿子无论如何都要完成一门功课。

达维德记得：

在我进入初中之前，每个假期里，他的要求和他施加给我的压力都让我无法休息。他当时希望我在教会学校里跳一级。

压力越大、越是疲惫时，大脑在思考过程中就越发难以正常运转，更不用说在孩子还畏惧父亲的前提下。那么，大脑会完全被堵住，不再思考。父亲却不依不饶，不停重复相同问题，口气越来越生硬，指责他“设置障碍”（孩子不理解这个词，以为是一项严重的错误）。随后，父亲把孩子说成“蠢货”“低能”“白痴”“傻子”等。自然地，小男孩开始哭，而父亲则进一步为他面对这个“无能且懦弱的儿子”所表现出的咄咄逼人找理由。然而，这位父亲是位伪完美主义者。他让人以为他对有待解决的学习问题了如指掌，可是他却从始至终都绝不会展示出他所掌握的知识。他不承认他并不懂，或者已经忘了数学、物理或化学知识。他并不比自己的孩子拥有更好的记忆力，但却要求孩子完美地背诵所学的诗歌，记住历史或地理习题。

自相矛盾之处在于，他要求自己的儿子在学校里表现完美，但同时却堵住了能够轻松达成此目标的途径。

在学习之外的教育或娱乐情境中，这一类型的父亲会设法阻挠自己的孩子在桌上游戏中获胜，例如象棋。很明确，他无法容忍别人超越自己，即使那并不涉及真正的得失。

他的自我是如此膨胀，以至于他从未在暗地里设想过自己的儿子能够超越自己，哪怕是在智力方面。在超级自恋型母亲对待自己的女儿的心态中，我们亦观察到了相同情况。

若是男孩子在学习上成绩平平，控制型父亲完全不会认为是自己造成的，因为这些年来他可是花了时间来帮助孩子填补空缺呀！于是他轻易地总结说，这个孩子在生活中是不会取得成功的。且不说他还会指责妻子没有教育好他们的孩子……

对于未来职业的选择，不取决于儿子而取决于父亲！经常可以观察到的是，控制型父亲强有力地影响着儿子，令其投身于与其个人素质完全不相符的职业学习当中。依据该青少年的性格，此事“要么成功，要么失败”。

如果这位父亲没能成功左右儿子所学的专业，那么他会强行指定学习地点（通常在他们自己的城市或者最为邻近的城市）、居住方式（继续住家里！）以及生活方式（遵守三餐时间；向其汇报情况；虽然孩子已经成年，也不允许在23点或午夜后回家等）。

如果这位年轻的大学生或学徒面对父亲提出的条件未做出让步，“拒签合同”，那么父亲就会爆发并威胁他！很显然，帮助孩子在自己的道路上获得发展，并非父亲的目标。

利纳和伊万曾是直接当事人：

为了让我继续学业，我父母在一个大型大学城为我租了一套单间公寓。当时，我的恋人伊万距离那里160公里，而他也需要攻读他的硕士学位。他大学第四年的成绩，还差一个教学单元的学分才能生效。那么在这座城市里，不仅我们可以在一起，而且伊万能更方便地进行重修，从而得到一份评语（他已经这样做了）。我父母同意让他跟我一起生活，同意我们俩人一起继续大学阶段的学习。到了伊万父母那边，这一消息引发的反应完全不同：吼叫、禁令，尤其还有威胁：“如果你去那边，我们就不再支付你的学习费用！”“你要学的知识，我们这座城市里的大学都能教！”“只要你待在家里，我们供你吃供你住。如果你走，你自己搞定！”

操纵者的面具掉落下来，露出了真面目。如果年轻人想要继续学业，甚至学习像医学或法学那类难度大的课程，那么缺少父亲的支持实则给他制造了障碍。所有的实例均指向了同一种策略：取消生活补助！否则，可能是仅仅给予勉强够生存的零星补贴……以至于大学生要么只能放弃他的计划，要么坚持所选的道路但不得不为了供给生活需要而同时做一些零工。这其中便存在着无法足够专心治学的风险，也就可能导致无法在中途的考试中获得成功。当然，此处不涉及正常父母做出的决定，那些父母是真的无能力负担孩子的财务、住宿、日常生活或是交通费用。我明确地区分了没有财源的父母和控制型家长，后者面对子女合情合理的要求，会使用辱骂、争执，尤其还有威胁来应对。

这一拒绝经济支持的行为曾让达维德尤为痛苦：

当我着手进行诉讼程序，让父亲事后付给我抚养费时（当时我 27 岁），他通过他的律师宣称：他对我之前在上学并不知情（假话），他很高兴得知我在上学，但会更乐意有人通知他，那样他就能在我通过考试时和我一起高兴了，他并没有在经济上抛弃我，而是我推开了他，我是一个忘恩负义的儿子，对他没有表现出一丁点儿感情，反而导致了一些冲突……总而言之，他把自己的错误转嫁到了我头上。

超前的自治

想要启发一个小孩，教给他自尊和自信，那你应该早早地建立起充满爱意的联结。同时，应根据其年纪，让孩子体验多种有利于成功的情景。再补充以真诚的祝贺、称赞以及鼓励。让他在富于变化的新情境中去应对和行动。当他惧怕失败或跌倒时，耐心地陪伴他。根据其精神运动及情感心理的发展情况，来教他应有的自主行为。并展现你的关怀和爱。对于很多不焦虑的父母来说，这一切都是自然而然的事情。不幸的是，控制型家长却难以给予子女这一切。他们只能做到其中一部分：适合自己的那部分……

作为在个人的需求和欲望方面以自我为中心的人，控制型家长在教育自己孩子（全体兄弟姐妹）的过程中，会过早地要求他们独立。这样就能允许他们更早地从家长的义务中解放出来，那些义务往往要求他们要关心、陪伴孩子。控制型母亲会设法让孩子独立做事，例如，在刚进入青少年时期时就去采购或自己做饭、自己洗衣服（尤其是女孩）、自己做家庭作业而不对其加以监督（在这一点上，控制型父亲却是反过来的，会表现得很专制），让孩子到别人家住或在别人家度过假期，且不给他们打电话以询问近况……

过早的、不惜一切代价的自治能够让孩子产生缺乏爱的感受。具有自恋型人格的家长常常犯下忽视之错，我明确地称之为玩忽职守。

相反，如果孩子是独生子，那么情况几乎是反过来的！对于永恒联盟的需求，会促使一位自恋型人格的母亲做出一切，以令孩子产生一种母亲不可或缺的感觉。因此，让自己的女儿（即自己的财产）发展自治能力，并不构成她的一种教育目标。面对孤独，女儿的自治无疑意味着一种巨大的威胁（我们很快明白，丈夫、孩子的父亲，失去了他的位置：另外两个人组成了一对，而他是被排除在外的）。

简而言之，一种情况下，是忽视；另一种情况下，是过度保护。从忽视到贬低其价值，甚至是漠不关心，只有一步之遥。而控制型家长能够很轻松地跨过去！

第三章

与金钱的病态关系

Un rapport pathologique à l'argent

操纵者与金钱之间的关系存在着很大问题。更明确地说，那是一种十分病态的关系！然而这似乎仍是一个禁忌话题，因为极少有人明确坦率地谈及它。金钱可成为操纵者的执念。想到要为亲戚花很多钱，特别是为自己的子女大量花费时，控制型家长会很气恼。然而金钱又能成为一种有效手段，用来对自己年幼的孩子、青少年时期的孩子，更多是即将成长为大学生的孩子加以控制。反之操纵者却能够利用他人的财务资源，并毫不迟疑地从他们的物质财富中获利。在控制型家长身上，此类矛盾就犹如正在流通的货币一般常见。我们的证人经历的很多事件都为此提供了证明……

惊人的吝啬

操纵者的吝啬程度是极高的。尽管有明显的迹象，周围的人却也注意不到他的吝啬，而亲近的家人也是后知后觉。

丹妮丝向我们证实了这一点：

很长一段时间里，我母亲都不想在家里装固定电话；只要我父亲去上班，她就让他在办公室把要打的电话都打了。外婆和我们住在同一栋楼里，她也会跑到外婆家打电话。

随着外婆去世以及父亲退休，她才终于下定决心在家里装电话！

塔蒂亚娜讲述了其控制型父亲的极度吝啬：

在很长时间里，他都让我母亲用一台放置在作坊里的烧柴的老旧炉子做饭，哪怕只是热奶也不能用厨房里的煤气炉。由于他反对为中央空调消耗燃气，我们曾经历过屋里只有4℃的寒冬。他当时有一辆摩托车，但从未买过保险。他没有汽车，因为觉得汽车太贵了。他看到我的车时，还批评了它，而那只是一辆小型二手车啊。在我儿时的记忆里，他除了买过论斤卖的旧衣服之外，从没买过衣服。要么别人给他他就收下，要么有人搬家时他去回收。

可悲的礼物

在吝啬方面，控制型家长为了避免为已经没有必要收买的孩子花钱，他们所选的中下等礼物不计其数。只有一个原则：便宜。给对方意外惊喜并不是首要的目的……

在本章当中，达维德将与我们分享他在其控制型父亲身上观察到的很多极端吝啬的事件，让我们从这一件开始：

当我还是孩子的时候，我唯一能从我爸那里收到的礼物就是他公司给客户准备的礼物，往往都是不适合小朋友的东西。

送礼物要么是传统社交准则中的行为（圣诞节、生日、婚礼等），要么是突然想让对方高兴以及表达自己的感情。即使是在第一种情况下，具有自恋型人格的家长也想只赚不亏。

卡罗琳娜书面回复了她的控制型母亲：

“至于吝啬方面，我想提醒你，最近（一如往常）是你自己再次夸耀买了促销的商品来送礼，抑或是送了一束漂亮的花——那花束因为卖不出去而在甩卖！

“这让我想起了你为了让我‘多穿’几年，而买给我的尺寸过大的衣服！收到的圣诞礼物也是如此的可怜，以至于我在五岁时就不再相信圣诞老人的存在了（这倒是合了你们的意）。我唯一一个全新的洋娃娃还是邻居家送的。”

塔蒂亚娜对于被其控制型父亲搞砸的所有节日都记忆犹新：

那时，节日气氛到最后总是会被搞砸。由于他是个性情古怪的人，我们永远不知道下一秒他的心情会如何。我们家极少开宴会，而一旦开宴会，总是要让客人对过于丰盛的菜品印象深刻，还会有好吃的糕点，但主要是不贵！他从不买礼物，或者送的东西都很次，有时还是二手的。可能是他在旧货店买的，或者是邮购销售公司在顾客下单时，随包裹附赠的小礼物！他并不关心即将收到礼物的人会不会喜欢，或者那东西对别人有没有用。有一次，他的表姐送给我一件很漂亮的套头衫。他立刻吼叫起来，指责她这样破费。在他看来，我并不需要！我记得当时我还哭了。

在我初领圣体的时候，他送了我一个在某家珠宝店买的二手戒指。看得出来它不是新的，因为盒子的内部已经有些发黄了，上面印有一家珠宝店的地址。他曾命令我一定要很小心，尤其交代我别把戒指丢了，因为它很贵！上面的宝石是祖母绿。后来，我按照盒子上的地址找到了那家珠宝店。店主很肯定地对我说，这件珠宝不是他们店卖出去的，而且这枚戒指是赝品，上面所谓的祖母绿其实是一颗玻璃珠。

不想在礼物上花钱，最简单的方式就是不送！

控制型父亲明确地倾向于既不给他的子女，也不给他的孙辈送礼物。然而这一行为并不足以说明问题，因此，在做出自恋型人格诊断时也不占有太大分量。因为在大部分家庭中，并非由男性负责买礼物，而往往是他们的伴侣负责。因此，本节会更多地涉及女性。

控制型母亲也有可能是奶奶或外婆，为了不给子女或者孙辈送礼物，会捏造出一些伪逻辑的借口，甚至是谎言（距离远、银行已经关门了、没时间、“你没告诉我你想要什么！”等等)。索菲和我们分享了她的经历：

我母亲说她太累了，无力组织圣诞节聚会了。她不想邀请她的两位表兄，因为他们自称食量大！她说：“没必要邀请他们来吃饭，来吃个下午茶就够了！”她同样经常为自己辩解：“孩子们不会喜欢”这样或那样的事情……

她不给孩子们送礼物，因为“他们什么都不缺”。此外，我母亲已经三年没给我和妹妹过生日了，因为“我们已经过了爱过生日那个年纪”！反之，她提前几周就会想着提醒我们她生日的日期，可我们从来没忘记过！

一般而言，对于自恋型人格之人来说，礼物的作用并不在于对他人合理地表达情感。操纵者是完全有意识地选择是否送礼，他会根据自己可能从中获得的自恋利益来选择送什么。他能够轻易地“收买”亲近的家人之外的人。他买来自己的社交形象（外人并不知道他送给核心家庭[1]成员的礼物是很可怜的，或者根本就不给他们送），他买来别人愿意分配给他的时间，买来他们后续的帮助以及对他的“美好记忆”。当某人已经不再具有任何吸引力（非性方面的），无法再在其身上获得好处时（例如慰藉寂寞，利用其位置极佳的房产，让人免费接送等），操纵者便会开始同对方拉开距离，也就不会再破费为对方买礼物了。

弗朗索瓦丝谈到了一些有关生日的事件：

我的近亲们（我父母皆为控制型）现在都忽略我的生日了。在曾经有过持续多年的庆祝、礼物以及共度的美好时光之后，现在的局面让人痛心。我孩子们的生日也在被逐渐遗忘。我哥和我姐迟了一天才在社交网络上为我大儿子的生日表达祝愿（我认为这一方式太不走心了，可是除了给我的孩子解释说他们依然爱他，我还能说点什么？）。我母亲曾说，外孙们是“她的一切”，却也完全没有表示。我丈夫刚到我们家时备受吹捧，然而他几天前过生日时，家里没有任何人做出任何表示。真是很悲哀、很不幸，但是我们也只能适应了！

1 “核心家庭”指的是由一对夫妻及其未成年或未婚子女组成的家庭。——译者注操纵者只会对先主动对自己表达感情的人付出情感！你立刻能领悟到，自恋型人格之人的孩子们会优先成为输家。在我看来，应当由父母首先对子女表现出爱和关怀。控制型父母身上自恋的深坑永远也填不满，他们期盼着看到孩子爱着自己的证明。随后，他们才会给予自己的爱作为奖赏……

去恭维一位控制型母亲，夸赞她的无论什么方面，你将会立刻看到在接下来的几个小时里，她都很高兴，重新恢复了好心情。你甚至有可能收到一份礼物！

当父亲突然送礼物

传统家庭中的父亲是极少负责挑选和采购礼物的。控制型父亲也不会做得更好。有一种情况除外：当他离婚或分手的时候，尤其在未获得子女的优先抚养权的时候（具有自恋型人格的父亲通常会申请该权利）。那么他对待孩子的行为和投资就会完全改变。他会开始给子女送很昂贵且很时髦的礼物。礼物价格如此高昂，即便成年人在买给自己之前，也要再三思量……时期不同，礼物的性质也会相应发生变化。礼物往往会很新潮，然而在父母还生活在一起的时候，新潮这个要素完全占领不了首要地位。父亲给小孩或者青少年送昂贵又十分讨喜的礼物的倾向，会给孩子们的母亲制造问题，而母亲往往是拥有优先抚养权的那个人。负责照料日常生活，负担起财务的方方面面（控制型父亲不给孩子们支付抚养费的情况是很常见的），这样的母亲没有能力去为每一个孩子花费数额不小却又并不必要的钱。其实，父亲的这种行为有时构成了一种挑衅。礼物有可能是最新潮的手机、笔记本电脑、高科技平板电视、轻型摩托车、普通摩托车，再到后来的汽车、出国旅行，等等。事实上，鉴于孩子的年纪，这样的礼物实在是太昂贵了！相对孩子的年纪，我们能够观察到在选择礼物过程中的不合理性。因此，我明白控制型父亲并非真正在选择适宜的礼物。他的行为中，没有任何教育目的。

于是，母亲有必要给孩子们解释，这些新的礼物是企图贿赂他们，以赢得他们的爱，以鼓动他们去跟他们的控制型父亲一起生活。在离异或分手的控制型母亲身上，我并没有观察到此种行为。

成年人很容易看出这种贿赂企图，尤其是身心健康、更加注重传递非物质价值的那位家长。然而，孩子却难以识破。确实，收到一份不寻常的礼物，一份可以在同学面前炫耀的礼物又有什么坏处呢？危险正在于此：操纵的巧妙性。控制型家长突然变得慷慨，满足子女融入同辈人当中并且受人羡慕的贪婪需求。作为一个孩子，又如何能抵御住这种诱惑？

我并不认为一定要抵御住此诱惑。确实，礼物如此诱人，且孩子又很渴望的时候，拒绝起来绝非易事，特别是在还需要给出一个说得通的拒绝理由之时。然而，若另外一位家长插手，且有第三方（来自友谊、亲情或职场关系）介入并支持这位家长时，似乎有助于让孩子理解这些昂贵的礼物并非偶然；它们背后隐藏着孩子看不到的目的。要让孩子们懂得，仅仅通过物质和金钱来收买他们的爱和眷恋从来都是行不通的，并且这绝不应该成为人生的价值。这一点很重要。原因很简单，我们不能够通过金钱“收买某个人”，只能通过爱。

当他不支付抚养费时……

一方面，控制型父亲竟然给子女送豪华礼物；另一方面，他却已经几个月甚至几年没支付过孩子们的抚养费了。无论是依据法律规定还是出于道德，他都应当支付抚养费。

布朗迪诺有三个孩子，分别是 11 岁、8 岁和 3 岁。他们就经受了这一屈辱：

一年半以前，诉讼离婚和解不成立的裁定让孩子们的父亲搬出了这个家。接下来……他即刻同我们的一位女邻居住到了一起。她是两个女孩的母亲，这两个女孩还和我们的孩子上同一所学校！他立即接管了这两个女孩，带着她们去英国玩了八天，主要是去参观哈利·波特公园。他可是个没钱支付抚养费的人啊……他自封为董事长兼总经理，开的是捷豹牌汽车。他的收入并不够支撑他的开销，可他拒绝关掉他的公司，去找一份真正的工作。家庭事务审判官写道，他“隐瞒收入实情”。

这位父亲一直没有支付三个孩子的抚养费，直到我提起了附带诉讼，揭露他的欺骗行为。

达维德就他的经历补充说：

我父亲本该用于支付其三个孩子的抚养费的支票是空头支票。我母亲被迫申请了对他的工资进行扣押。

最为常见的情况是，孩子并不知晓自己的父亲在履行法律义务方面犯有严重过失，不曾在经济上供给他的日常生活需要。而母亲不敢让他“卷入与钱相关的事件中”。在我看来，这种做法是错误的。从孩子有能力评价事件真相的时刻起（即大约九岁起），而且来自病态家长的操控包含了太多的隐患时（特别是离间亲子关系），你就应该坦白地告诉孩子，另外那位家长有意推卸自己对孩子应尽的经济责任。哪怕这一事实在当下会让小孩或者青少年很不高兴，但我认为这一坦言能够帮助他在将来培养起批判精神。我注意到，女儿会更为早熟，因而更能够意识到这一点。她们没那么容易“被收买”。当然，总有例外。

太过昂贵的孩子！

往往要在成年之后，控制型家长的孩子们才能意识到，这位家长坚持不为他们花钱到了何种程度！

操纵者利用不同借口加以掩饰，例如谎称缺钱或搬出教育原则，吝啬到哪怕在有需要时，也避免给子女买新衣服。

维尔日妮给我讲述了一个令人惊愕的故事：

我母亲很吝啬，我一直记得我那双“打哈欠”的鞋，鞋底的前部已经脱胶了。需要说明的是，那个时候父母给我和弟弟穿的都是在慈善义卖中买回来的旧衣服。母亲首先是让我穿着这双鞋底重新用图钉固定住的鞋子去上学。很显然，这一修理没能坚持多久。我的小学老师看到此情此景，变得情绪激动，我回家后把老师说的话复述给了母亲。我妈很生气，因为她的“妙招”并不管用，但她仍旧固执。于是，她用绳子把每只鞋子的四周缠了起来，并要求我穿着去学校。我服从了。绳子也没有比图钉撑得更久……我最终有了别的鞋子。当时我六岁。

“时尚”的衣服更加不会被视为真实需要。衣着不得体或者不随潮流会让青少年感到沮丧或羞愧。每一个时代的着装密码都可帮助你轻松地融入与你相似的群体中间。所有看重自己孩子心理和行为独立化的家长都知道这一点。

利利亚纳提供了她的例子：

有一天，我母亲对我说："我们去给你买几件衣服。"在商店里，她问我喜欢什么；我挑了一件，然后给她看："这件！"她回答说："不，拿那件吧！"我拒绝了。随后，她突然就闹起情绪来："既然这样，那你就什么也别要了！"

诺艾米在他的控制型父亲那里经历过其他逃避策略：

冬季里的某一天，我想买一件套头衫，但是我没有钱。由于我和我父亲待在一起的时间很少，我请求他给我一点钱买套头衫，然后还提议让他陪我一起进城买。我爸来了。我们走进了一家商店。两分钟后，当我在挑选衣服时，我爸对我说："我真受不了逛商店，女人太多了！我回去了。"他没有给我回应的时间就走出了商店！这一态度真让我恶心。

回到家之后，我又请他给我一点钱用来买件套头衫。他回答我说："我给你一件我的。"他想要给我的那件非常大，也不女性化，我自然不想要。

每次我向他要钱用来买火车票，和朋友出去吃饭或者看电影，他的回应总是相同的："问你妈要！"可是，已经是她在支付一切了！

有一年冬天，我爸带我到爷爷奶奶家滑雪。我很感谢他带我滑雪，带我下馆子。然而，回来之后，我问他要20欧元，想跟朋友一起去吃寿司，他回答说："不能什么都想要！我已经花钱带你出去度了一个星期假，滑雪、下馆子。这些都很贵，我不能再花钱了！"

比起为孩子花钱，超级自恋型母亲似乎对为自己花钱更感兴趣。此外，她们还会隐瞒她们买的部分东西。她们时常挂在嘴边的缺钱其实是很偶然的……

索菲讲述道：

那个时候，没有哪一周我们不会听到我们（我和我弟）花销太大的抱怨。我小的时候，非常相信我们家很穷。讽刺的是，我没搞懂为何还要请清洁工、厨师还有整个白天都在家里做工的奶妈！我没能理解的还有夫人（我妈）的休息时间，她需要在夏季的几个月里什么也不做……我们总是被排在她的需求和欲望之后。

控制型父亲很少花钱，除非在为了引人注目……或者有了情妇时（例如买一辆高档汽车），会花费巨额资金。通常，他们对自己也是很小气的。但也存在例外。

饮食限制

父母教导子女不要浪费尚在保质期的食物，这是件平常事。打着这一看似具有教育意义的幌子，具有自恋型人格的家长（往往是父亲），就会定下一条神圣的规矩：先把已经动过的食物吃完才能吃新鲜的。若只是针对总体情况，这一规矩并无惊人之处。可是，在日常生活中的执行却变得荒谬、过分，变成了一种典型的抵制乐趣行为。

例如，以不要浪费头一天晚上开始吃的长棍面包为由，不允许吃刚刚买来的面包。哪怕之前的面包已经变得又硬又干也要先把它吃完！就这样，全家人每天都在吃不新鲜的面包。每个人都要先解决掉自己的那份干面包才能碰新鲜的面包，而从那时到晚上的这段时间，已经足够让新鲜面包变干了……

受害者唯有逆来顺受！我在此处给出的例子，对于每天都吃面包的法国人来说会更为有意义。根据家庭和文化的不同，操纵者还有其他很多方式来限制家庭的饮食。

塔蒂亚娜讲到，她的控制型父亲有一个花园，他在花园里种了一些果树：

当时有十几棵苹果树结了很多果。他把苹果采回来贮存在地窖里。于是，为了不扔哪怕只是一个果子，我们每顿饭都必须吃苹果，而且要先从已经开始坏的吃起。因为苹果们正在逐步变坏，所以事实上，我们家整个这一季都在吃坏苹果！

某一年冬季，他让我们喝了用坏西红柿做的汤，那是他之前放在取暖器上催熟的西红柿！害得我母亲因为链球菌引发严重的血液中毒而紧急住院治疗。

然而，控制型家长经常在宣扬这样的约束（他们从来不用这个词）带来好处的同时，却会独自偷偷地去品尝诱人但昂贵的菜肴……至于最为变态的夫妻，会两个人去享用美味珍馐、精致的甜点或者豪华的下午茶却不让孩子们知道。

限制孩子饮食的同时，却对外宣称相反的情况，这一点在操纵者身上是较为特殊的。例如，他们把新鲜的鱼留给宾客，但是在全年里给孩子吃的却是工业化生产的鱼肉棒。言行不一之处在于他们却对孩子反复说自己给他们提供的食物是最好的……

诚然，经济原因是重要的。但我敢于设想另一个企图，它存在于无意识当中，且更为病态……

他们既不愿借予更不愿给予……

这一类型的父母很善于隐瞒他们真实的经济实力，这样便能不给孩子们送真正的大礼，也能避免在他们有需要的时候借钱给他们。他们再一次扮演起贫苦的受害者角色。然而，所有的操纵者都在挣钱或利用他人钱财方面颇具天赋。女性操纵者表现得尤为明显！她们往往很能干，无论她们说什么，实际上并不会有任何严重的经济困难（语言与现实之间的差距……）！这一事实仅仅在几十年之后才会被她们的孩子们看在眼里。也或许突然地揭晓于她们去世之后，当孩子在负责整理或更新她的个人资料的过程中，看到其税务、行政或其他更为私密的材料之时。

朱丽叶给我的信中写道：

我母亲向来不借钱给我，也不愿意给我零花钱。我在 18 岁的时候就不得不挣扎着第一次去给别人照看孩子。可是表面上，母亲却总是说："如果你有什么需求，只要和我说就好了。"

我们可以想象，已经成年之后，买任何东西仍需要说明理由时，这个女孩有多尴尬……

以下是另一个例子：

我母亲一直拒绝借钱给我们几个兄弟姐妹，尤其不借给她暂时遇到经济困难的孩子。然而，我发现了一笔她借给她表妹的钱，数额高达 15 000 欧元（这笔钱肯定是收不回来的，因为这位表妹根本没有偿还能力）。为了避免我们向她借钱，她当时总是说她和我父亲没有那么多钱，而且之后可能会缺钱。她还会补充说："我们永远不知道孩子们对此会有什么反应……"这一预先防御策略真是惊人。事实上，直到最近我父亲去世前，他们什么都不缺，且生活质量不低。他们甚至用一年前就计划好的钱买了一辆车。

操纵者不会轻易出借或者提供钱财给自己的孩子，这一倾向要么针对所有孩子，要么针对某个特定的孩子。这是否意味着就算他们具备财力，也要刻意隐瞒？如果控制型家长给你送了件礼物，他会不停地提醒你这件礼物花了大价钱，或者通过某一种方式来提醒你他的慷慨……

以下是达维德讲述的两个例子：

曾经出现过屈指可数的那么几次，我父亲给了我几法郎，这已经是最高级别的待遇了（但往往都本该是我的"乖巧行为"换来的）。这时候，身后总会有个声音宣扬"你可真是得宠！"这个声音来自他妻子。她一直重复这话，直到我最后一次见他们那天，当时我已经40岁了……

我在18岁时去了国外。经过几个月的等待，我爸给我汇了价值相当于150欧元的一笔钱，并且对我说："如果你觉得我给的太多，你可以在我下次去看你的时候还给我。"

在此，我们可以用上这个表达：这位父亲真是冷酷无情。

此外，你会注意到即便收到礼物，那份礼物也是廉价的、用过的，甚至用坏了的。因此并无太大用途，尤其与你的需求不相符！

马蒂娜的母亲把自己塑造成一个慷慨的女人，而实际上却总表现出她的限制原则：

在我母亲看来，只能在有需要的时候才买东西。如果我给她看我买的某样东西，她就会问我："你需要它吗？"随后她会做出让我内疚的表情。如果我说起我想买的某样东西，例如窗帘，她会劝阻我说："我有还能用的可以给你。"可是，那是我以前房间的旧窗帘啊！

罕见的馈赠是有毒的！

第一种毒是将你放到这样一个位置上——必须接受别人强加给你的馈赠或礼物。你不仅从来没有要求过，也从来没有期待过这份礼物，因为它似乎并不合理，或者没什么用处，也不符合你的需要。操控悄然发生着，因为断然拒绝别人慷慨赠送的一份礼物不仅有难度而且很不礼貌。

以下是达维德父亲的另一个例子：

我父亲宣称因为知道我喜爱历史，所以要把他收集的全部

40卷《纽伦堡审判》遗赠给我，就如同这是一份最好的礼物。首先，我没有地方放它们（那需要我父亲来我的公寓看看他才会有概念，然而他从来不屑来）；其次，这些书不能给我带来任何经济上的帮助！再次，它们的正确位置应该是在图书馆里，供研究者们查阅。

但并非所有的毒药都大致相同。有的毒药起效尤为缓慢但毒性深入骨髓。通常，如果你接受了操纵者赠送的贵重礼物，你就等着“十倍奉还”吧，而且他往往不会让你用物质来偿还……

有毒的馈赠要么是不动产（例如操纵者享有使用权，而你享有虚有权）；要么是金钱——这可以帮助其减免税收；要么是实物好处，例如免费使用他的某处房产。针对最后这种情况，若你想要搬走，则必须以距离太远作为理由，否则会被操纵者视为断绝关系的信号。

如果控制型家长在健在时给孩子赠予不动产，他暗中的意图就在于让子女去承担不菲的费用，例如为了维护房屋的良好状态，去进行屋顶或主管道维修工程所需的花费。父母不需要花钱就能够继续享用房产。另一种情况下，家长愿意支付在上大学的孩子的学杂费，目的在于在税务申报时计入这笔费用，以获得税收抵免。还有一种更为阴险的做法，当控制型家长同时也是可用于租赁的空房之业主时，他会坚决主张让自己的某个孩子享有优先使用权。不幸的是，对待已经成年的孩子，他却通过此种方式赋予了自己为所实施的操控辩解的权利，甚至是以免费承租的房产相要挟的权利。

尽管表面看似平衡，但最终，用部分自由换来的财务利益会让人付出很大代价。一旦你忘了你欠他的巨额债务，控制型家长将会提醒你在你们之间的这一附加关系。你很快便理解了为何我建议不要在控制型家长健在的时候接受此类提议，即使它们很诱人，它们能够让你省下你确实需要的钱。

确实，来自操纵者的馈赠或者礼物从来都不是“免费”的。即使这位操纵者是你的家长！他很可能在接下来的两个月里（有时甚至只要几分钟！）给你指出你的“还债”方式。当然，你感受到的不是要挟，而是强烈的被下了套的感觉。这一现象的原因之一很可能在于：操纵者违反了基于相互性原则的债务偿还规则。这一原则是社会性的，它适用于地球上的所有人类群体。它体现了一种自然反应——想要以某种方式偿还你刚从别人那里得到的东西。最简单的例子便是，给邀请你到家里吃饭的人带去一份小礼物、一瓶酒或是一些花。同样，如果你受邀到某人家里住几天，你会协助安排后勤，帮忙打扫房子，或者适时在经济、物质、体力抑或是感情方面贡献力量，这取决于你所观察到的主人的需求以及你自己的资源。换句话说，由你来选择你要在何时以及以何种方式“还债”。这才是相互性原则的自然体现。然而，所有操纵者都曲解了这一原则。更有甚者，当情况惹你气恼时，具有自恋型人格的家长会利用这一原则来让你产生内疚感。由他，而非你来决定你何时以及如何“偿还”其之前的馈赠！而且他极少会让你用金钱偿还。实际上，这位家长期待着你为他提供帮助，或者要求住到你那里去，再或者要求你定期向其汇报情况，不惜牺牲你的私人生活。简而言之，这给了他一而再，再而三地侵入你生活的乐趣……

你似乎很富有?

除了抱怨他们的经济条件困难之外，控制型母亲还会加入另一种举动：以夸张的或不恰当的方式提醒你：你“很有钱”!

这一提醒一方面让你感到在金钱方面受人蔑视，另一方面显得她好像很超脱，毫不在意金钱。而且更重要的是，让她可以通过某种方式利用你的金钱（来你的寓所度假，使用你舒适的汽车，向你借钱，且如果你不够坚决、没有毫不犹豫地要求的话，她就不会如数奉还）。

弗朗索瓦丝讲述道：

有一次我和我母亲发生争执，她让我爸说了这句话：“是，你现在有钱啦！”随后自己又重复了一遍。那可能是想暗示，我们在法国有房产而他们没有（可他们在葡萄牙有一所房子呀！）。她还忽略了我们的房子处于施工状态已经十年了，而我们仍旧欠着贷款，仍需要还十几年。她也忘了我们之前进行过的讨论，在那些讨论中，我们曾坦言，尽管我们收入尚可，但日常生活并不宽裕。而且当我丈夫反问“你们的女儿现在哪里有钱”的时候，他们不做任何回答……

关于金钱，此类人还会采取一种立场：让你付钱！

换句话说，去餐馆吃饭时，你不要期待着控制型母亲会拿出钱包来付钱，即使只有你和她两个人吃饭。出于吝啬，也出于自恋人格的自视甚高，她料想着你会很荣幸与她一起进餐！然而，已经成年的孩子与控制型母亲一起吃饭通常都不会单纯因为这是一件乐事。这一动机更多是由内疚感、同情心、怜悯心、义务感和道德观念构成的。

如果不能立刻或是在后续得到好处的话，控制型母亲是基本不会给你送礼物的。她甚至会设法逃避为自己准备安葬费这件事，尽管她已进入晚年并且也有相应财力。这又是一个让你来付钱，让你来为她的生活买单的迂回战术，不是吗？

这便是发生在丹妮丝身上的事：

在我父亲去世时，我很惊讶地得知他签过一份“葬礼合同”。当我和我（控制型人格的）母亲提起这个话题时，她回答我说她不想为自己去世后的安葬问题而操心。可是，她却不肯为自己也签一份葬礼合同！

关于与金钱的病态关系，控制型母亲身上还可能出现另一种模式：欺诈。

这些女性不仅会最大限度地骗取她们的丈夫（或情人）的钱财，她们还能够对自己的孩子下手！她们对金钱和物质的贪婪不再受到伦理或道德的约束，更不用说爱了……

米莱娜学到了惨痛的一课：

我母亲在再婚并定居英国之后，又重新与我恢复了联络。我到伦敦附近去看望他们。直到那时我才得知她卖掉了我在保加利亚的房子，用于她的生活！我回来就生病了，失声了三天。那些我曾汇出的钱，那些我为了填补资金短缺而做出的牺牲……可是这个地方始终都没有属于过我，我甚至未曾得到房款的一部分！

继承时的贪婪

关于遗产，如果丈夫先于妻子去世，那么控制型母亲无法接受部分遗产应归他们共同生育的孩子，或者丈夫之前的孩子所有这一事实。

弗朗索瓦丝曾经历此类情况：

我父亲去世后不久，在四个月的时间里，我都努力说服我的兄弟姐妹放弃我们的那部分遗产（金钱和不动产），全部给母亲。我之前没有发现我完全是按照她的意愿在行事，她操控了我！我每天都经历着比以往任何时候都更为阴险、更为恶劣的操控。我爸留下的不动产并不多，尽管有法律支持，我也没有主张相应继承权，因为不想花费额外的精力。但是，父亲遗留下的现金，我是知道确切价值的，我决定要尽一切可能拿回属于我的那份。我向我母亲宣称："这是我的钱！它会给你带来不幸的！"她当即发出了"痛苦的"叫声，尽管如此，我还是挺住了。除此之外，我还忍受了来自（被操纵的）兄弟姐妹的那些让人内疚的、侮辱性的议论。

玛丽昂也为此类情况提供了实例：

我一直有一个梦想：尽管我在法国生活，但渴望着在我出生的城市雅典拥有一所房子。我父亲死后，为了让我远离我的那部分遗产，我母亲和我哥哥（都是操纵者！）"放逐"了我。于是，这一渴望便成了一种实际需要。在我自己的国家，我却感到自己像个外国人，因为他们不允许我再踏足家里的房子。我成功地在位于雅典郊区的拉菲娜港口旁买到了一套很可爱的公寓。我为这笔买卖而骄傲，因为实现它并不容易，我不得不办理了贷款。那之后的第一个夏天，我母亲和哥哥（我哥那时已经和他妻子分开了）提议假期帮我照看孩子，理由是小孩可以和与他年龄相仿的表兄弟待在一起。我当时很天真，心想着如果我邀请家人们到我的公寓里来玩几天，会帮助修复我们已经破裂的关系。我暗自期待着母亲会为我很好地管理了继承过来的财产而祝贺我，我让它们发挥了作用。他们提议帮我照看孩子的时候，并不知道我买了一套在水边的公寓。他们本应该租一套房子来接待孩子们。最终，他们在我这里度过了整个假期而没有到别处租一套更大一些的房子。我八岁的儿子在此期间多次受到惩罚，被关到一个房间里长达两小时，因为我母亲希望占有公寓，认为那是我用她的钱买的！

你很快便观察到，围绕着金钱发生的纠缠不休的问题不仅恶化了父母和子女间的关系，而且让孩子们认为自己没有多少价值。我们将在下一章中讲述其他一些贬低孩子价值的手段，它们同样阴险却更为费解。

第四章

从疯言疯语到反常行为

Des propos fous aux comportements aberrants

部分孩子很早（将近七岁甚至更早）便开始明白或者意识到他们的某位家长并不“正常”。而其他孩子则需要 40 ~ 50 年方能获得这一顿悟……如同我们在第一章中说到的那样，精神操纵不是通过智力能够识别出来的，而是需要更多地借助于批判精神和独立思考的能力，不因受困于大众的评价而无法做出自己的判断。

疯言疯语

操纵者的沟通话语中透露出荒唐、矛盾、惊人的思维方式以及或多或少巧妙的暴力。在第二章当中，我把那些尤为诋毁性的语言称作“杀伤性话语”。

现在我所说的疯言疯语以及反常行为，是完全不合理的言语和行为。具有自恋型变态人格之人敢于镇定、确信地说出一些荒谬的话，就如同那是一些普遍真理，没有人能够驳斥。

在此，我可以给出一些句子，它们均由操纵者的孩子们以清晰的方式记忆并记录下来，这些操纵者中的一部分人同时还具有“变态型人格”。以下每一个段落分别再现了一位家长的言语。

“你从不尊重我……你等着瞧吧，总有一天你会为此付出代价的……在你自己的孩子身上，你会付出代价的。”

（一位母亲对其女儿如是说，可当时女儿还只是一个小孩。）

“你绝不会遇到好人的。”

“闭嘴！你一如既往地不知道你在说什么！”

“你想要指挥我，但是你做不到的。”

“不管怎么样，我从没为你做过任何好事……我一直都是一个坏妈妈！”

“你要为你父亲的死负责。”

“不管怎么说，都是你最让我痛苦！”

（从家往外走的时候，一位母亲突然毫无缘由地对她 15 岁的女儿这样说。这位母亲让女儿在树林里选了一支榛树枝，做成棍子，然后用来打她！）

祖父去世后应当把他的一支手枪交给警察，女儿问父母这件事是否已经办妥了。父亲回答道：

“噢，你会笑的……如果你进到佣人房，如果你不乖，你就会在床头柜上看到它！”

（女儿当时已经是已婚且年过50的女性了，早已经不住在父母家里了。）

“有钱你什么都买得到。”

“穷人死了也不要紧，因为他们没有钱，所以没有什么可以失去的”。

“在生活中，朋友是没有用的。”

“我要求游手好闲的权利，我要求口无遮拦的权利！说，你是不是觉得我疯了？”

“我对我的长孙享有双倍的权利，因为那是你儿子，而我是你母亲！”

当一个五岁的女儿请求母亲离开她们疯了的父亲时（很不幸，父亲和母亲双双均为变态型人格），这位母亲回答道：

“不，姑娘们！是因为你们我才留下来的。”

“我对你们一直都好得没话说！我没什么可自责的。”

“我要花光所有的钱财，什么也不留给你们！”

“别留长头发：那让你看上去很脏！”

“高中分科时你根本就没得选择：学理工科会让你输得很惨的！”

“别再来乡下的房子这边了：我们看到你现在怀了通心粉的孩子。”

（影射她的意大利朋友！）

“你对你的女儿们照顾得太多了！”

“你让我患上了白血病：你们都做了些什么，让我患上癌症！”

“我去他墓前祈祷的时候，他会很高兴的。”

（谈到自己儿子时，一位父亲如是说。）

一位期待生儿子的母亲在女儿出生那天说：

“我不想要她！”

“你出生于3月31日的23点55分，就怪你，我没能拿到从4月1日起增加了金额的生育奖。你当时是个散发着尿臭味的小家伙，一条臭虫。”

她那时称呼她“臭虫”或“吉塞勒”。吉塞勒是一本儿童读物里一只母猪的名字。出于这个原因，这位母亲选择它作为女儿的第二个名字，用来代替其正式名。正式名也是产科医生提议的，因为父母根本没有准备起女孩的名字。安妮才是孩子真正的名字，她讲述道：“1994年，为了来瑞士，我不得不去做了一个出生公证。看到我的出生时间是上午11点时，我并不惊讶……我母亲骗了我一辈子……于是我问我姑妈（我父亲的姐姐）是否知道这个生育奖事件。居然也是假的！那是另一个婶婶出生时的陈年旧事了，而我母亲居然把故事据为己有！我父母很早就离婚了，当时闹得很凶，所以我从来都只听过我母亲的版本。”

“真奇怪，居然是你姐姐自杀了。我本想着可能会是你！”

（一位母亲用一种轻松的语气对女儿说，当时她姐姐自杀了，全家人准备动身去参加葬礼，父亲——很早就和母亲离婚了——下车去家里找东西了。）

在这些专题中，自恋者通过很多令人难以置信的话语，给对话对象的心里留下了裂缝，如同一场强烈的地震震开了大地。只用两三秒的时间，几句破坏性的话语便留下了不可磨灭的印记。

当刚刚成年的德尼表现得抑郁时，母亲扔给他一句："你是头怪物。"尽管男孩努力不去相信这句话，但心里还是留下了一生的烙印。他清楚母亲给他下的这一可怕定义是没有道理的，但在那一时期，他还没有准备好接受问题并不出在他身上这一事实。

出于最后这一原因，大部分当事人都曾经或正在进行心理治疗，方能继续生活。这些话语能够置人于死地……想要战胜它们，我坚信必须要首先弄懂谁才是真正病态的那个人，然后停止信任他们，即便他们是你的父母；最后，要清楚地认识到你对此不负有任何责任。

谎言、隐瞒、故弄玄虚及谣言

出于一些在周围的人看来神秘的原因，操纵者撒谎、不给出合理的信息或者故弄玄虚。在我看来，这些策略能够让他在面对不同的人时，给出故事的不同版本，如此便能够更好地操控对方。

当我们在这一成年人身上观察到奇怪的不成熟，而他又肯定地说至今为止已经承担了"很多的责任"时，这不免令人疑惑。然而，如果我们所询问到的其周围的人愿意告诉我们真相，我们会发现事件的原貌并非具有自恋型人格之人所讲述的那个样子！

关于引发此类谎言的原因，第一个猜想是：他们利用一种有效的手段来让自己看上去既是一个乐于给别人提供帮助的慷慨之人，又是一个值得同情的受害者。

在下面这个例子中，法比耶娜讲述了她母亲是如何对外人撒谎，险些让他们认为她的儿子和儿媳不尊重她的：

我母亲把自己定位为“不可或缺”的。我哥和他妻子有两个很小的孩子，母亲以照看小孩为由，经常去他们家。让他们认为她是不可或缺的还真是费了些力气，因为我哥已经雇了一个通过帮忙做家务来换取免费膳宿的年轻女孩，这女孩全天候24小时住在他们家里！然而，两个孩子的父母深信这样的走动能让母亲高兴，且祖母的到来能够丰富孙子女的生活（这些概念本身是正确的，但是一切都取决于这位祖母。她有可能不仅无益，还反而很有害处）。所以，他们接受她如此频繁地来家里。

然而，私下里，我母亲却对她周围的人（她妹妹、她认识的人以及她的其他孩子）抱怨，说她很累，可孩子们却“不懂得如何组织自己的生活”，“总是要求她去帮他们”！她收集到了一些略微有些愤慨的议论，比如：“这对不懂礼节的夫妻，他们不该不停地让祖母跑来跑去，应该自己搞定的！”某一天，当这些议论传到了我嫂子的耳朵里，她气得脸通红，愤愤不平地对我说：“我们绝对不需要她！我们让她去是为了让她高兴！”

谣言已经传开，说什么都是徒劳。若是我嫂子给所有听过母亲抱怨的人打电话为自己辩解，她会显得很可笑并很可能会被当作疯子。

操纵者的谎言里常常出现自称受害者这一主题（对于男性而言，尤其是在闹离婚的时期）。他们能够编造出关于自己的故事，或者根据自己的喜好去渲染一件普通的事，以便吸引注意力、博取同理心。

弗洛朗丝曾频繁遭遇过此种经历，但其中一个编造出来的故事让当时还是孩子的她甚是困惑：

我母亲是个专制的人，精神、行为上都粗暴，隐瞒了很多东西，苛刻且常常撒谎。她童年时期可能受到过性侵害，但后来她又矢口否认这一说法。于是，我不知要如何区分虚与实了。

这一“自我受害者化”过程所带来的一种不幸后果是，它能通过控诉他人来获取养分，从而让那“受害者”形象变得真切。然而，所控诉之事却从未发生过！控诉实则是在污蔑中伤。可是谁又会猜得到？不幸的是，被指责的那个人极少会意识到“人们”是因为何种缘由而控诉他或猜疑他的，他往往并不知晓流传着的关于自己的谣言。一方面，操纵者表现得很有说服力，利用一种同谋或倾吐秘密的语气来让其对话者不会想到直接去与被猜疑之人对质，以核实那人是否有此恶行。另一方面，自恋型人格会选取部分事实，然后自行加入一些细节，例如一些从未存在过的对话。谁又能够当即就想到，如此丰富的细节却只不过是强大想象力的产物？而且人们尤其想不到，这是出于何种原因？

操纵者会毫不迟疑地去促使某人的品行遭到怀疑，哪怕那人是他的家人。就如同吕斯那样，在26岁时才通过她的一个姐姐获悉了一个可怕的谣言：她母亲严重毁坏了前夫的道德声誉，很长时间以来，她一直让两个大女儿相信前夫曾对小吕斯犯下乱伦行为。这一事件让吕斯很气愤，因为那个唯一饱含深情的、责任心强的家长正是她父亲！

这些谎言的目的还可能在于，给人一种自己在物质上极度慷慨的假象，如同达维德的父亲做出来的那样：

在我18岁，还是大学生的时候，我指责他从没在经济上支持过我的学业。于是，他让我相信他早就为我开了一个房屋储蓄账户（在法国称为PEL），以此来让我为指责了他而内疚。然而，那根本就是假的！

控制型家长那病态的吝啬，加之利用他人财物的倾向，是绝对无法让他们真正慷慨的。让人相信自己慷慨成了一种日常练习，而往往只会在几十年之后，当操纵者去世时，要么多亏了一句说漏嘴的话，要么通过证人的陈述，要么是你积极地探寻真相，秘密才最终突然被发现。

纳塔莉讲述了她的惊愕：

从和表姐的交谈中我得知，她父母一直在帮我父母洗钱，洗那些他们经营熟食店的所得中未申报的钱。然而，我爸妈却一直让人认为他们才是最慷慨的，因为他们一直在给叔叔婶婶提供食物（事实上那是他们没卖掉的）。

崇尚秘密

一般而言，操纵者都崇尚秘密。甚至对待生活中根本没什么重要性的事件也如此！他会隐瞒自己的大额采购，例如公寓或车辆。他是在惧怕来自他人的嫉妒吗？就如同他在自己内心深处感受到的那样。这一“妄想症”是否是基于这样一种担心：关于自己财力的信息能够引发来自孩子的很多要求以及想要从自己这里得到好处的企图？无论是何种情况，我们是否可以推测：当操纵者坦诚且言行如一时，他会感觉受到了威胁，或者丧失了权力及控制力？我认为是的。

弗朗索瓦丝的双亲都具有自恋型人格：

我想向你们讲述我所知道的故弄玄虚的事件中，最令人难以理解的一件。时至今日，我仍旧无法理解此事。当时，我父母每天傍晚都和我的孩子们一起待在家里，所以他们遇到我丈夫的时间比遇到我的时间要多。几年来，我丈夫一直建议我父亲买一辆带有助力转向系统的小轿车，比他当时开的老福特车更轻、更好驾驶。我父亲没有听从，于是我丈夫便不再提这一话题了。然而，某个周六，我弟弟告诉我们我爸决定买一辆新汽车。到了周一，他就已经买下了。你想象一下，他从来没有对我丈夫说起过！我丈夫为此很不快，他每天都和我爸有接触，可我爸却不愿对他说。我问他为何如此着急（担心他没有充分地讨价还价），他回答我说："这是我们的钱，我们想用它来干吗就用它来干吗！"

在我的支持下，弗朗索瓦丝加入了她现在的分析：

他们所有的故弄玄虚大多都与渴望、嫉妒的行为相关，嫉妒我们的生活、金钱、计划的顺利进展以及我们和睦的夫妻关系。很长时间内我都不愿意接受的事情是：父母竟然会羡慕并嫉妒自己的孩子。我曾以为父母只会为自己的子女而骄傲。

隐瞒关于家庭的信息，也是很常见的行为。同一位弗朗索瓦丝给我们提供了另一则实例：

最近发生的一件令我感到受伤的隐瞒事件是，他们没通知我叔叔过世了。完全出于偶然，我是通过脸书获知这一消息的！

至于德尼，他意识到自己从 15 岁起便开始谨慎地注意侧耳倾听她母亲的电话对话，因为她总不告诉他家里发生的事。例如，她不告诉他当他在家时，他很喜欢的婶婶和表兄弟们是否会来家里。在几年时间里，母亲越来越少告诉他自己的事情或行踪，甚至在他需要知道母亲是否能用车多载他一个公交站时！最终，成年之后，除了她母亲对他说的事之外，他完全没有兴趣知道别的事了。

纯属虚构

操纵者会重新编造自己的故事片段。我们当中很多人的日常生活既不特别辉煌，也无奇异之处。过去没有，现在也没有。这不要紧，操纵者无论男女都可以按照自己的方式重新构建事件！他可能会编造一个起因、一段过去、一些活动、一些证书、一些头衔……

塔蒂亚娜的父亲正属于此种情况：

我父亲一直都为他来自俄罗斯而骄傲。然而，他的父母却来自乌克兰！“时代错误”在很长一段时间里都是他用来为自己话语不一致开脱的托词……

但需注意的是，这些并非谎语癖的典型特征。谎语癖患者表现出的典型特征，是用以重新塑造自己的整个身份的。而自恋型人格编造的仅仅是一些片段，用以炫耀从未经历过的事。两种情况的相似之处在于，两者均以为自己打造一个假想出来的正面形象为目的。但自恋型人格（时常说谎）与谎语癖患者间有诸多微妙差异。虽然我不打算在本作品中就此问题展开精神病学领域的细节阐述，但我仍希望提醒你注意，谎语癖患者是不会试图贬低他人的。他只考虑增值自己。无论如何，此类欺骗有时会给直系亲属带来破坏性的后果。对自己身份的构建仅仅建立在多重谎言的基础之上，各谎言之间需保持完美的一致性。这种一致性对于他来说是极为重要的。操纵者贬低他人，通过批判或破坏他人的自信来滋养自我，而谎语癖患者不会那么做。观察到这一点实则明确了两者间的第二个差异：操纵者在不同时刻或不同日子里说出的荒谬言辞是如此缺乏条理，以至于其很多对话对象都识破了其谎言，或至少怀疑其人品是否正直。

操纵者针对过去事件所撒的谎让人难以验证其中的真实性。最常见的现象是，操纵者表现得极具说服力，致使你未曾有过片刻怀疑，未曾想到那可能纯属捏造……仅仅当你完全领悟到个中曲折之后，你方能够警惕地对待不同重要程度的断言。最为糟糕的是，他甚至能够当着家庭成员的面讲述虚假的故事，而这些家庭成员都曾在第一线见证过他的生活。

然而，即使你成功地证明他说了谎或“篡改了事实”，自恋型人格之人也会激烈地全力反击你的明智。你的批判精神实实在在地侵犯了他。他可能会指责你不信任他，指责你有意冒犯，并会毫不犹豫地与你对质说：“就像这样，来啊，说我在撒谎呀！”

与你相反，操纵者并不看重事实。他只看重自己的社交形象以及别人对自己正面的、理想的评价。如果你是个正直的人，这可能引发你所认同的多种价值之间在优先等级方面深入且激烈的碰撞，致使你不确定到底什么更重要！

然而，如果并不涉及可能改变你生活的关键因素，或不会损害你所爱的某个人的名誉时，我建议你不要立刻揭穿其谎言。因为出于上述情况，此时揭穿并不有效。相反，你应该尽快让在场的人知晓实情。这一勇敢的举措将重新让你与你的价值观相匹配。当然，除非谎言对你没什么影响……

你可以在私底下严肃地、幽默地，或是讽刺地来还原真相。操纵者周围的人应当知晓实情，增强批判精神，从而降低在未来被你的家长操控的可能性。请你记住，如果连你当时或者事后都毫不质疑操纵者所说的话，那么周围的人（包括旁系亲属）是难以去怀疑某个谎言的。操纵者善于表现得具有说服力，我猜想他本人也信服自己所说的话。无论如何，在那个时候，你也是能够令人信服的！正由于你是说谎之人的子女，因而你会更为可信。一方面，多年来你一直是这位家长个人私密生活的最佳见证人；另一方面，人人都知道对家长忠诚是孩子的自然反应，且我们的社会仍旧错误地认为“有其父必有其子”。于是，你敢于提出你和这位家长并不相像的举动会让你承受更大的压力，因为你敢于坦白地划清界限，让人知道你和他认同的价值观并不相同。

反常行为

除了杀伤性、诋毁性话语以及其他一些完全无理、虚假的话语之外，操纵者还会表现出反常的行为举止。其病态程度显而易见。

就如同你不存在一般……

或许你曾注意到有那么一些时刻，你的控制型家长对于你的到场表现得不冷不热（哪怕那是一次意义重大的会面）。他不仅不询问你的需要（尽管那本该是他早就了解的细节），还可能表现得像是你根本不在场似的！

德尼讲述道：

我在我母亲家小住期间，有一天电话响了。当时我在另一个房间里，是母亲接的电话。我听到了通话的片段：她在和我大学时的一位女同学讲话，告诉对方我的一些近况，准备就此打发了她！我听到她讲述了一些关于我的事，虽然不确切但却能够满足她的虚荣心，比如对我成功通过的公务员考试等级夸大其辞……坦白说，这位大学时曾经的好友以前总是遇到很多问题，我曾在电话中耐心地听她倾诉了很多年，之后我决定不再给她我新的联系方式。因此，她把电话打到了我母亲家。我母亲并不知道我和这个朋友断了往来。可是，她在打发人家之前完全没征求过我意见！我可以推测她声称我不在她家。她从未告知过我这通电话，当时没有，事后也没有！后来是我主动和她谈起来的。

这一行为可能是出于一种莫名的理由——看到自己的儿子被其他人喜爱而产生了嫉妒之心。这是一种把儿子和他的朋友们隔绝开来的邪恶方式，可以通过控制他们的关系，告知对方有利于自己的消息，甚至让对方相信自己的儿子没空，来达到目的。操纵者曾有多少次代替你回复了你的朋友，让他们相信你没空从而慢慢疏远你？

利纳向我们叙述了她与公公婆婆初次见面时的情景：

当时我 20 岁，我 21 岁的恋人伊万邀请我到他们家，想把我介绍给他的父母。出来迎接我的是他的母亲。除了一句“你好”，她没露出一丝微笑，无论在肢体上还是口头上都没有表示欢迎。他父亲当时坐在沙发上，背对着门口在看电视。他没有回过头来，完全无视了我！伊万让我进家，并示意我在吃晚餐前先随他上楼到他的房间去。就在我们朝着楼梯走的时候，我听到他母亲大声说：“之前那位那么高，现在这位那么矮！”我和我的男朋友都没敢出声。对于我来说，那顿晚餐真是漫长极了。电视是开着的，我是唯一一个背对电视的人。我面前的一家人（父亲、母亲和两个儿子）相对无言地默默吃着饭，他们之间或者和我之间都没有任何交流，可伊万却没有意识到这其中的异常……

一意孤行

此外，总体上，操纵者时常会让你觉得你给出的清晰明了的信息或指令似乎从未存在过……

德尼说道：

当我听到她篡改了事实，我在我的房间里大声叫喊力图还原真相，她却假装没听到。

塔蒂亚娜讲述了她的控制型父亲有多么不尊重她母亲的权利：

当我还小的时候，我们总是去相同的地方：山里。有一天，我父亲宣布他受够了总是付钱给宾馆，于是他决定买一套度假住宅[1]。我母亲便向他提议了夏朗德滨海省（靠近拉罗谢尔）的几处地方。有一天，他外出时在维埃纳省（距离夏朗德滨海省 140 公里）的一家咖啡馆停下来休息。他和那里的人攀谈并遇到了一位公证员，后者向他推荐了一所……地处偏僻的房子。我父亲一直没买车，可他却买了这所没有配套设施，距离最近的火车站 17 公里的房子。房子距最近的一座生活便利（有商店、超市）的小城市也有 6 公里之遥。他没问过我母亲的意见便把它买了下来，可是他们结婚时选择的是共同财产制。

塔蒂亚娜继续讲述了其父亲另一个荒诞行为的真实例子：

我父亲有时会到我们这一街区的超市购物。他总会问我们需要什么。但是他总会带回别的东西！如果我母亲让他买糖和面条，他可能会带回来面粉和米。他甚至可能买回来 5 公斤大米（我们家里只有四口人），或者 30 块一小箱的肉（例如牛排）。由于超市在做促销，他便抓住了这一机会。以至于后来一周的时间里，我们午餐和晚餐都在吃牛排！

---

1 在法国，有条件的家庭通常会有“主要住宅”和“度假住宅”，后者一般远离城市，往往在海边、山间或乡下，用于度假。——译者注

德尼的母亲则通过让人相信其记忆不好来把自己的意愿强加于人：

她成功地让我们记住，当我们去家里看她时，如果我们在饭点之后才到，她会感到失望。有一次，我们提前告诉了她我们将在14点到达。在没有问我们是否已经吃过饭的情况下，她给我们准备好了一桌饭菜！当我们对她说我们显然已经吃过饭了的时候，她反驳说她忘记了！随后，她让我们如此内疚以至于我的伴侣坐到了饭桌旁。然而，在我们家，午餐时间是中午12点，有时甚至更早一些，11点半就吃。

当我们因为从较远的地方开车去她家而晚到了，也时常备受指责：菜烧老了，这是“你们的错”。然而我们一察觉到有可能晚到时就通知了她，并且每前进一段都发了短信告诉她……

那些事从未发生过？

自恋型变态人格之人的行事风格会让人觉得事件之间并无关联性，似乎并不存在相关起因也不存在相应结果。他能够否认自己刚刚说出的话或做过的事！

操纵者不仅敢于否认对其并无价值的事件和实情，而且能够成功地说服我们这些事从未发生过，尽管我们当时在场或者本就是利益相关者！在操纵者身上观察到的这类防御时刻让我想到，他们本人是相信自己努力而坚定地提出的说法的。这大概可以解释为何最终变成你怀疑起自己的感知来。自恋型人格之人熟练掌握了不怀疑自己的艺术！

我认为这是这一病态中很典型的一面。

弗朗索瓦丝向我们证明了这一点：

在我和我母亲发生争执之后，我父亲当着我母亲和我姐姐（同样都是操纵者）的面对我进行了身体攻击。后来，当我提到这些事的时候，他们三位都完全否认了。他们说全是我编造出来的，说我“脑子有问题”（证据是我在服用抗抑郁药物，同时在进行心理治疗！）。然而，在我没意识到的情况下，当时我五岁的儿子也在场，在经历了一段时期的记忆黑洞之后，他帮助我回想起了真实的情况。他让我重拾了对自己的信心，得以坚信这一场景确实发生过。

此外，在自恋型人格之人身上，被瞬间激化的负面情绪，往往也能在几秒钟之内消失不见。

我认为在患有单纯的自恋障碍之外，自恋型人格之人还同时患有严重的意识障碍。我们在其身上观察到的不成熟便是相应结果。

多么称职的演员!

控制型母亲很清楚或能感应到激烈的情绪能够在大多数人中间引发何种效果，因而她懂得化身为一名卓越的演员。控制型父亲亦如此。

我们的当事人弗朗索瓦丝给出了另一个事例：

在我叔叔的葬礼上，冷眼旁观的我注意到了一个人——鲜有人像她那样一直在哭，还特意去领了圣体，演出了整场“戏”，那个人就是我母亲!

所有的操纵者都爱说谎且演技高超，能够做出很多表情，或反之变得面无表情，从而让周围的人无法真正感知到其真实的本性和意图。

如果说他偶尔表现出的慌乱、失望、甚至专属的爱是为了让你做出让步的话，那么其最终目的则在于让至亲以外的人相信他把自己的每一个角色都扮演得近乎完美。然而，如果说操纵者周围的人尚处在容易被“忽悠”的阶段之中，核心家庭里的成员则越来越心如明镜（配偶和孩子都在成长）。

有时，某位家长的情感游戏对于睁开了双眼的孩子来说已不再奏效。当这位家长无法再吸引注意力、博取同理心、制造痛苦，尤其是让对方产生负罪感之时，他便意识到这个孩子摆脱了自己，与自己拉开了距离。在部分情况下，尤其是在母亲与独生女儿自童年时代便结成了联盟的关系中，这一表现会被母亲视为孩子背叛的标志。在她看来，断绝关系的可能性如此之大，以至于她要先发制人，得由她先来断绝关系！

萨尔瓦是同性恋，她的坦白（即我们所说的“出柜”）似乎在她母亲心里引发了轩然大波。不幸的是，母亲的自恋型人格让我们看到了一些失去理智的、过度夸张的反应：

当我和我的现任女友决定由她来为我们怀一个孩子的时候，我决定要和我母亲把事情讲清楚，于是我当着我伴侣的面出柜了。我母亲哭了起来，要求我否认我刚才说过的话，她的女儿不能如此“肮脏”！由于我拒绝了她的要求，她开始敲打自己的头企图吓唬我。我当时很平静，因为我已经预料到了她的反应。我的态度激怒了她，她把我们赶出了家门并要我再也别联系她。从她家出来后，我感到卸下了一副重担——关于我私生活经年累月的谎言或是“避而不谈”。后来我通过家里人得知，母亲在我们走之后从楼梯上跳了下去，摔断了腿！出于怜悯，我在几天之后给她打了电话。但是当我听到她那一如既往铿锵的嗓音时，我便“放下心”来了。之后的半年里我都没有联系她。家里人告知我说，我妈妈在跌落之后需要入院接受手术治疗。他们还告诉我她到死都会埋怨我，因为我半年来一次也没联系过她。想着这可能是我俩关系缓和的迹象，我给她打了电话。确实，她在电话里很客气，但只字不提我的同性恋取向。她只是简简单单地对我说人生很短，她唯一的愿望是在手术前再见我一次。她做手术那天我去医院看望了她。当着大家的面，她说我是她最喜欢的女儿，还满怀深情地拥抱了我。随后，在去往手术楼之前，她要求单独见我。她突然表现出一副将死之人的神色，并问我是否相信她能够活着从手术室出来。她的眼里充满了泪水，当场留下了口头遗言。她对我说，我的生活由我主宰，她无法改变我，但是她临终前有一个愿望：让我承诺她我这一生都不要孩子。我立刻明白了她的把戏。我向她保证即便她会死去我也绝不向她做出这一承诺；我让她省省她的眼泪，因为它们没有任何作用。她突然停止了哭泣，重新表演起垂死的面目，她辱骂了我，并让护士以最快的速度把她送进手术室！

感知错乱

控制型家长的爱一定是有条件的。特别是当面对一个不顺从的孩子时，他会怀着敌意，甚至怀着发自内心的厌恶来排斥他（终于！）。从那时起便轮到孩子卸下与生俱来的负罪感，这负罪感仅仅源自于这位自我过度膨胀的家长那无理的、荒唐的，甚至暴力的反应。

这位家长以一种自卫姿态，通过一些往往与主题无关的、不切实际且糟糕的论据来攻击你；所用话语暴力甚至带有侮辱性；对你的请求也听而不闻。这位家长会在几个月的时间里与你断绝往来（往往会牵扯你的配偶）。在此期间，他会向其他家庭成员或周围的人抱怨你不尊敬他，态度让人难以容忍。女性操纵者们尤其擅长这样做。在这种情况下，她们会留心却并不费劲地按照对自己有利的方式来改写事实。她们会很快找部分家庭成员诉说自己编织的情节，若想避免这部分人对你的否定，我建议你迅速行动：给你重视的家庭成员打电话，就相关情况向他们讲述你的版本。这一指令或许让人惊慌，但超级自恋型母亲对你做出的那些荒谬行为表明了，无论如何她都不会维护你——既不维护你本人，也不维护你的个人形象。她能够在几分钟内就毁坏你在你珍视的人心目中的形象。需要提醒你注意，人类倾向于相信自己听到的第一个版本，尤其当没有任何其他版本来推翻它时。家庭内部存在着欺凌，这让人痛苦。诽谤你的人轻车熟路地启动了一个程序，给团体中的其他人植入了“最好当心你”这一思想。因此，团体中的人会避开你，最终不再见你。我们将在第八章中更为细致地探讨这一主题。

面对这些无理又多变的态度，年纪尚幼的孩子将会难以认识到正常状态的边界何在。

德尼记得另一个难以理解的行为：

当时我们住在乡下一个大型村镇的郊区。每次母亲送我去高中，后来变成送我去大学时，她总是要求早早出发以避开堵车。交通要在半个小时之后才会开始拥堵。我很快学会了严格守时。我们说好了6:40走，她6:38就开始急得跺脚，后来甚至提早到了6:35就开始着急，随后她的行为逐渐发生了变化。距约定好的时间还差10分钟就开始叫喊，可我是完全按时行动的。最后她对我说她10分钟前就准备好要出发了。有一天她提前了整整10分钟，一声没吭就走了！

德尼认为他在时长概念上的障碍就源自这一时期。

这样一位家长造成的暗中影响将持续到孩子成年之后。其中，自责内疚的倾向是最经常观察到的一种后果。某件事该不该做的困扰在心里埋下了种子，怕自己不讨喜的恐惧亦扎下了根。

所幸在你成年之后，生活中出现的人能够帮助你意识到这些缺陷。阅读和治疗性质的支持能够帮助我们有效利用大脑的可塑性。当然，我们会记住我们所经历的事，但无论到了什么年纪，我们都可以学习换一种方式使用我们的精神资源。这是一个好消息，但前提是要强迫自己开始着手摆脱相关心理影响！

一切及其反面

当一个人需要同时服从两个相互对立却又都令人喘不过气

来的要求时，他便陷入了困境之中。除非真正做出优先权的选择，否则他是无法走出困境的。这就是我们称之为双重束缚的困境，英语中的用词是“*double-bind*”，即进退两难的困境。

这两个相互对立的命令既可能是明示的也可能是暗示的，这就是为何你在收到它们的时候会难以意识到葫芦里卖的什么药。

双重束缚是一种令人窘困的境地，它充斥着矛盾。操纵者却能够轻而易举地制造出这种两难困境。那是一系列能够束缚人的行为及话语的总和，一旦你服从，它们就会在某种意义上将你置于地狱般的两难境地之中。

薇拉的母亲一方面允许女儿专注于自己的生活，让她“听从自己内心的声音”。另一方面，当女儿告诉母亲正是因为听从心里的声音，自己才在母亲面前退却了时，她母亲却断言说女儿那么做只不过是为了刺激母亲罢了。

换言之，无论你做什么，你都是错的。

具有自恋型人格的父母使用起“两难困境”来简直易如反掌!

我在看来，两难困境反映出所有操纵者内在的精神“混乱”。他们要求一切及其对立面，这样的要求有时交替出现，有时甚至同时出现!

纳塔莉记得这种含糊的、令人困惑的感受：

我母亲病倒了，她如同一个垂死的人一般用无力的字迹在一张纸上潦草地写道，她觉得自己一无是处、很没用，既不是好母亲也不是好妻子。这让我很心疼。当我提前打招呼说我要到医院看望她时，她答："没必要。"可是当我看完她要走之时，她却又抱怨道："你就要走了？"在既要参加大学里的考试又要花时间去看她的那段时间里，我非常辛苦。然而她对我说："没关系的，有你爸在呢。"

就此类影响，德尼也讲述了一些细节：

我父亲去世之后，钱成了我母亲最大的牵挂。她用一个本子来记录账目，但遇到了一些困难，需要帮助。我提出帮助她，她却贬低我并拒绝了我的好意。

她也想让我代替父亲帮她维护电脑。我尽我所能帮助了她，而她又再一次诋毁了我。无论如何，只要我帮助她，我就错了。可如果我不帮她，我也错了！我母亲向我表达的要求含糊不清。她会通过自己搞定一些事来让我内疚，比如她修剪草坪的时候不寻求我的帮助。当我提出要帮助她时，她总会拒绝。可是，她却会在早上早早地起床（比我早很多），打开割草机，然后在见到我的时候脸上露出深深为生活所伤的表情。

态度随形势而发生 180° 转变

在那些怪异的举动当中，你会观察到操纵者会根据不同对象而变换态度、言论、声音、语调甚至神色（尤其是面部表情）。也可以说这些变换的依据是，他能够从自己的好形象或坏形象中获得的好处。

因此，具备这一特征的家长能够在其认为重要的证人面前许下诺言，这位证人可能是法官、教授、心理治疗专家或警察，然而后续却绝不会信守该诺言。在所有具有自恋型人格的家长身上，不遵守诺言的行为屡见不鲜。

达维德曾吃过相应的亏：

一场官司让我父亲和母亲站到了对立面，因为父亲要求我转学到一所私立的犹太教宗教学校（可我当时在市立学校上学很愉快）。为了推翻“对于 10 岁的孩子而言，距离太远”这一理由，我父亲在上诉法庭的法官面前承诺，他本人负责接送他的儿子去上学，同时承担部分学杂费（我后来拿到的判决书副本可以证明这一事实）。很显然，他的承诺一次也没有兑现过！我乘坐公共交通工具往返于家和学校，而我母亲支付了所有的费用……

所有操纵者均会说出一些疯狂的、夸大的甚至惊人的言语，但是根据在场的人员不同，他们能够迅速转而维护相反的言论，让人相信他们从未说过之前的话！

操纵者的情绪是不稳定的，但我们可以思考一下其智力的稳定性。智力支配着思想、信仰甚至原则。有时，一切能够在几分钟内被改变！而且他们看上去十分真诚……

德尼在自己的母亲身上也识别出了这一行为：

我母亲对其周围的人（朋友、村里的乡亲等）讲起我时，只讲对她有利的部分，例如她会为了指责我对事实进行一些调整。看来我只能住到一座大城市去，摇身变成我并未做过的高层领导或者研究员，这样才能满足她的自我……

他继续讲述了另一件事：

我母亲雇用了一位看上去有些头脑简单的园丁。她给他开出的工资很高，并以现金支付。她经常试图在园丁面前让我内疚。手段为指责我迟到、(所谓的）衣着不得体、胡子没刮干净(这是她最喜欢用的两项指责)，并且还在这个男人面前暗示说她要为我支付打车费用，我占了她很大便宜（可是我在她那里住的期间，只计划过唯一一次车程15分钟的出行！）。我对她说她应该为如此描述我而感到羞愧。刚一上车，她就用肯定的语气对我说更想要那个男孩做她的儿子！我开始隐约看到了她的操纵：她所说的话在我看来真是言过其实了。一直以来，她似乎更欣赏人们身上的智慧与理智，而不是这名园丁所具有的特质！她的言语中确实有无法吻合之处。实际上，我知道她所说的完全不是她所想的，她只是在试图伤害我。

在这样一个特殊群体里，言论、决定、计划以及行为就像风向标一样，时常完全变了方向。尽管如此，他们却会迅速地批评那些改变自己生活的人。尤其针对自己的子女，他们的批评是尖酸的，词汇已经不足以刻薄地表达出他们的评价及看法，而且这些观点并不一定会当着相关人士的面说出来。达维德想到了他父亲和继母曾有过的态度：

他们的政治观点也同样是模棱两可的：他们在几十年间都在批判以色列，因为那是一个政教分离的国家。我哥哥首先侨居到了那里，我父亲当时甚至很生他的气。最终，他们所有人现在都住到那边去了！

鼓吹伟大的人道主义道德准则的操纵者自己却表现出极为苛刻的态度。他自称对整个世界持开放的态度，却在不经意间说出具有种族歧视或仇视外国人色彩的话语（尽管他本人可能就是外来的！）。他的政治及宗教见解显得激进。确实，只是显得激进……因为操纵者的本性就在于创造出一种幻象，佯装出自己并不具备的特质。就拯救地球及爱护环境的重要性这类主题，他能够说出浮夸的话，然而他却随地乱扔纸屑，不对可回收垃圾进行分类，也不重视自己使用的材料或产品是否具有污染性。

达维德证实了其父亲曾做出过此类具有欺骗性的、自相矛盾的行为：

他对于那些不严格遵守教规的犹太教徒的苛刻程度几乎令人难以忍受。有一天，我看到我父亲突然发火，因为在一本犹太杂志的封面上，是几个没戴无边圆帽（遵守教规的犹太人用于盖住头顶的帽子）的孩子。他的极度苛刻让我觉得恶心，因为作为宗教的捍卫者，他自己却是另一副做派。事实上，他当时常对我提起托尔克马达（Torquemada），15世纪时，这位僧侣曾在西班牙宗教裁判所的掩护下，以宗教之名杀害过如此多的人。

让我们立刻谈一谈最后这个涉及宗教的例子，我注意到很多具有自恋型人格的人会虚伪地鼓吹一些宗教守则。例如，他们在自己的教区内部表现得很积极，但当面对家人或职场上遇到的人时就会变得十分卑鄙。他们会就广博的爱大放厥词，然而他们却无法深深地、无条件地去爱自己的孩子。他们只是扮演出他们想要的样子。

两个孩子，两种制度

对照咱们熟悉的“双重标准”这一说法，操纵者对待自己的孩子们也并非一视同仁。

露西的丈夫是一位操纵者，她和自己的孩子一起经历了这一情况：

我的前夫是一名医生，我曾以为他待人温和，有能力给我柔情和幸福。然而事实证明这个具有变态人格的男人毁了我的生活，也毁了女儿们的生活。他对待女儿们的态度截然不同。大女儿有多么被捧在手心，小女儿就有多么遭他嫌弃，甚至连父亲的整个家庭都不接受她！我从来没搞懂过这是为什么……

达维德当时也得不到父亲的认可：

在年满 17 岁之后，我第一次请求我父亲赞助我去美国旅行。他拒绝了。然而，他却先后多次带我哥哥和姐姐出去旅行——这样在兄弟姐妹中间享受优待，对于青少年来说是极好的奖励。但却从未发生在我身上。

达维德年纪轻轻就已经清楚地看到了自己和哥哥的不同：

我被迫戴一顶天鹅绒的，而非针织的无边圆帽，然而所有跟我一般大的年轻人都戴针织的（好看得多）。我哥哥也有权戴针织无边圆帽。这样的区别待遇还表现在哥哥有权去附近的犹太教堂，而我却必须和我父亲步行40分钟去往一个正统的犹太教堂。这对我哥哥来说自然更好。我在此想揭示的并非一块纺织品上体现出的荒唐宗教信仰，我更想提出的是这个过程中的含糊不清和“双重标准”，尤其是那些不攻自破的论据。

特别宠爱哪个子女的选择要么是明确的、固定的，正如以上例子所展现的那样；要么存在一种交替现象。

在第二种情况中，我把这一模式称为：连通器（les vases communicants）。当一个容器里注入了感情、关注或特权时，另一个容器里就空出了相应的容量！

因此，一位具有自恋型人格的家长会根据不同时期来使用某个奖励—惩罚体系。交替并不一定意味着轮流宠爱每个孩子：有可能在几年时间里，特权仅仅属于一个孩子！这也可以说是“特权—排斥”体系。温情、馈赠、经济支持、亲近、知心话、抱怨、诺言甚至谎言会被有所区别地分配给不同的孩子，而分配原则取决于他更希望和某一个孩子营造什么样的关系。

法比耶娜的整个一生里都在遭受着与哥哥之间的区别待遇：

我母亲发动了全家人为我哥哥庆祝50岁生日："50岁生日是个重要的日子！我们要给他准备一个惊喜，一份精美的礼物和一顿晚餐。"她是这个超级晚会的组织者，一位完美的母亲……

第二年，轮到我过50岁生日了；但是我的50岁完全没有那么重要……我收到了一小盆绿色植物，那是我母亲和我姨妈一起送的！

这就是她的双重标准？我母亲当时总是暗示，我哥哥是她最喜欢的孩子。有一天，她对我说："我怀上你的时间太早了。因为你，我没能够很好地照顾你哥哥！"

我接受哥哥最得宠，这是正常的，因为他很优秀。我的好心肠反复提醒我："你的问题在于没有成为你母亲想要的女儿"，暗示我或许应该更努力地博她喜欢，除非这就是我的命运……

如今我才意识到，没有任何女孩能够博得我母亲的好感。然而，吃尽了她的变态之苦头的不是我，反而是这个"最受宠爱"的儿子。他一直在追逐母亲真正的赞赏，却永远也得不到。即使他确实优秀，但对于这样一位母亲来说仍旧永远也不够。她把他作为最喜爱的孩子来利用，目的在于伤害其他人，但是母亲给哥哥以及他们夫妇施加的压力是难以忍受的。母亲不停地拿我哥哥和我们消失的父亲做对比。在她眼里，哥哥永远也比不上爸爸……

法比耶娜是医生。这一身份、她长期且刻苦求学的能力、她职业上的成功都丝毫未能改变其母亲这些年来对她的态度。法比耶娜谈及了她对折磨的一点思考，遭受这种折磨的不是那个被排斥的孩子，而是那个被“宝贝”的孩子。透过多个家庭里兄弟姐妹间的故事，我注意到那个最受折磨的人或许并不是我们想象中的那个人。但是涉及的折磨有所不同，涉及的情感亦不相同。被排斥的孩子感到自己不被爱、孤独、肮脏、内疚、愚蠢、没有能力、一无是处、无用以及其他一些此类情感；而被宠爱的孩子则需要时常证明自己配得上别人对他的称赞，这样一种具有侵略性的爱总让他感到窒息，他会无意识地为自己比其他兄弟姐妹吸引了更多的关爱而内疚。此外，长大之后他会意识到，终有一天，享受到的所有特权都需要以某种方式偿还。

确实，孩子对于这一体系并不知情。它的存在是不可见的(必须便于操控！)。

最受宠爱的孩子在成年之后将感受到一种日益增大的压力，这种压力来自于需要无休止地“偿还债务”。这位家长感到自己有权介入孩子的生活，并不顾及其已经建立的夫妻关系。

如果几个孩子间相互不说话（这是控制型家长常常能够在成年的孩子中间成功制造出的局面)，这种因人而异的特殊关系便能够长期隐蔽于人们的视线之外。往往在有人去世时，真相才会浮出水面。以下是两个例子：

莫德终于拉开了距离来审视，但她并不孤单：

经过多年的烦扰，我最近才意识到我父母是有害的操纵者……他们为在坏女儿（我）和好女儿（我姐姐）之间制造不和而十分高兴。最近我们两人才懂得了这个毁坏过程！

我选择逃离，因为这是更好的做法……我有一个不愿触碰的伤疤：我曾失去过一个小男孩，从那之后我父母就很爱用我这一精神上的脆弱来逗乐……可是，最可怕的是，我姐姐也刚刚失去了她的小儿子！在我父母看来，这件事对于她比对于我可怕得多……由于她是“好”女儿，他们说她一定会比我坚强很多，至少不会像我一样脆弱……这哪里符合情理！

弗朗索瓦丝与我们分享了下面这一事件：

在我父亲去世的那个星期里，我母亲一次也没有介入过，手续全部交由我们处理。然而在举行完葬礼几个小时之后，她的行为让我感到震惊：她在分配我父亲的黄金！首先，她把一个戒指分给了我哥哥。然后，她把一条手链和一条项链分给了我的孩子们。让我惊讶的是，如果不是我介入，我姐姐（母亲向来和姐姐相处得最好）的女儿们竟然分不到自己外公的纪念品。

在操纵者去世的情况下，公布遗嘱时，他的孩子们将惊讶地发现动产和不动产的分配是不合理的。如何在死亡之后继续惩罚那些从始至终都不曾服从的人？如何在孩子中间制造纠纷和嫉妒？当自己已经不在人世无法亲自确认时，如何继续保持自己喜爱的带给他人负面情绪的能力？

孩子们能够偶然发现不公平待遇产生的结果。维尔日妮记得：

当我还是青少年时，我偶然听到了父亲和母亲之间的一次对话，内容是母亲计划给我哥哥租一间学生宿舍，但不给我租。然而，我父亲一直宣称他们从不区别对待我和我哥哥。那是他们当时最认同的教育信条。我父亲为此感到惊讶。我母亲（操纵者）向他简要地解释说，不能够给予我和我哥同样的自由。我父亲似乎并不理解那是为什么。为了阐述自己的理由，母亲简单地引述了一句在她看来“很有名”的俗语：“关好你的母鸡们，我要放出我的公鸡了！[1]”这位现代女性就是这样应用那些伟大的平等宣言的！

很不幸的是还存在着一种情况，具有自恋型人格的家长会与自己的某个孩子结成一个“联盟”，而这其中的原因要在几十年之后才会浮出水面：因为那个哥哥或姐姐自己也是操纵

---

1 这句俗语并不有名，只是这位母亲觉得它有名。这位母亲这样说的言下之意是公鸡可以为所欲为，所以想要保护好母鸡就得把它们关起来。有较重的男权意味。——译者注

者！确实，如果家长和某位孩子都属于此种类型，那么他们的结盟几乎是必然的，且这一联盟稳定而持久……

可谁又能说他们之间存在真正的感情呢？不过，比起在其他孩子面前，控制型家长在面对和自己如此相像的子女时，还是会避免把愤怒的情绪发泄到对方身上。

过激的反应

具有自恋型人格的家长感受情绪的能力往往是有缺陷的。那并不意味着他没有情绪，只不过他感受到的情绪是异于常人的：

- 情绪出现的时机不适宜（例如在葬礼上感觉到喜悦）；
- 视情况而定，表现出的情绪要么太过猛烈，要么异常冷漠；
- 情绪会在某个意外时刻被某个细节触发（例如别人并不具有伤害性的意见）；
- 情绪可能会持续一段时间（家长能够整整赌上几天气），但最为常见的是，情绪爆发的顶峰只持续几个小时，随后奇怪地消失不见，就如同引发纷争的事件从未存在过。

换句话说，他们的情绪是放大了的！操纵者总是受到一些情绪的影响，他们通常能够成功地在陌生人面前隐藏这些情绪，但却轻率地把它们发泄到伴侣或孩子身上。因此，伴侣和孩子往往是其爆发出的短暂的、夸大的、反复的情绪的见证人。为了避免此类突如其来的发作，年纪较小的孩子们会尽可能地自我控制、保持沉默，吃完饭后立刻就躲回自己的房间，只对父母讲述自己生活中轻松的、并不真正重要的方面，且尤其会避免做出任何批评。

最微小的评价也会被恶意解读。此时自恋型家长会立即开启防御模式，且准备好攻击、中伤、摧毁。

达维德的母亲给他讲述了一件小事，这件事在整个家庭的集体记忆中占据着十分重要的位置：

在法国南部的海边度假的头几天里，我当时只有六岁的姐姐表达了一个有趣的看法，引得全家都笑了。我父亲因为有人在他祷告时发笑而变得非常生气。他摔门而去，在假期余下的时间里没再对母亲的家人说一句话！我们的房子距离商业区三公里，我外婆和妈妈需要去那里购物。有一天她们在酷热的天气里步行过去，当她们提着装满食物的沉甸甸的袋子往回走时遇到了开车从她们身旁经过的父亲，可父亲没有停下来给她们任何帮助。他要惩罚妈妈的整个家庭！

在上面这个例子中我们看到操纵者是如何将赌气作为重要武器，去动摇其他家庭成员的。大部分时间里，赌气可能持续三小时到三天。除了拒绝沟通的行为之外，还会伴随着其他强制行为，即一些压迫的、专横的行为。

聋子间的谈话

与具有自恋型人格的人之间，是不可能进行真诚交流的。讨论能在几秒钟内便偏离主题，因为他要么荒谬地解读你的话语，要么认为它们打扰到了自己，再或者认为它们索然无味。弗朗索瓦丝讲述道，她父母双方都是控制型家长，只要她和丈夫讨论时提到了他们生活中的小困难，父母就会将话题转到自己身上，诉说他们所谓“悲惨”的过去，以及历经过的困苦。

这样的解读在多样性和荒谬性上，均是惊人的。它们能够在顷刻间触发对话双方的负面情绪。最常见的情况为，控制型家长认为自己受到了攻击，交替表现出悲伤与愤怒的情感，而这一切的发生仅仅需要几分钟！

弗朗索瓦丝同样谈到了这类激烈的情绪：

那些我认为本应该是主题丰富、允许交流各自观点的讨论最终都变成母亲力图让我接受她看法的争吵，这个时候她的声调会很快地变高，声音变大，且有力量。

萨布丽娜想要阐述她母亲冲动的性格以及过激的反应：

有一天，我母亲撞见我在我的房间里阅读一本从父母的书柜里找来的书。那时我父亲离开了我们家，我应该有 17 岁了。那是一本古典文学书，大概应归属到 19 世纪末期的文学风格，书中有较多色情段落。我和母亲之间从未谈论过性，她甚至从未带我去看过妇科医生。我猜想在很多家庭中都是如此——这是个禁忌话题。然而当她发现我手里拿着那本书时，立刻勃然大怒。她失控地冲我吼，说那是我父亲的书，她曾经撞见他在偷偷摸摸地阅读。我能够理解这勾起了母亲一些不愉快的回忆，但我不是很理解她在暴怒之下竟然开始揍我，直到把我逼得蜷缩到房间的一角，用前臂勉强地保护自己！

在那之后，我记得她又再一次举起手来想打我。当她的胳膊伸到空中之后，我记得自己直视着她的眼睛，平静地对她说（至少看上去是平静的），你打我再也没有什么好处。她的脸上掠过一种惊讶的表情，停止了动作，从那之后再没痛打过我。

第二件事也追溯到同一时期。我当时意识到自己面对母亲突变的心情和抑郁状态时，不知该采取何种态度。尽管我们从未就各自的感受进行过真正的交流，我还是觉得聊一聊是种解决办法。于是有一天，在开始吃晚餐前，我请求和她聊一聊。在解释她的行为带给我的感受时，我努力不去过多控诉，以避免让她觉得自己受到了侵犯，从而产生一系列的反应。然而，可能因为不太适应这种形式的交流，我显得十分笨拙。随着谈话的推进，尽管我一直保持平静（我性格如此，很少发火），我母亲的怒火却逐渐上蹿。我已经想不起谈话的确切内容，但却清楚地记得它是怎样收场的。我母亲一如往常地大叫着，抓起一个盛有烤肉的玻璃盘子重重地砸向了我的脚。完全震惊的我得出了一个结论：没必要再进行诸如此类的尝试了……

谁敢让他注意到自己的疯狂？

一些疯言疯语、令人惊愕的不成熟表现、反常的行为、摇摆不定的立场、谎言、令人费解的隐瞒，或者还有一些激烈的情绪反应，往往令我们大为吃惊。停下时间的脚步回首审视，我们会意识到所有操纵者的对话对象均受到了思维干扰。具有自恋型人格之人如此镇定自若说出的话，在其受害者身上会引发常见的精神错乱。部分受害者会说："他扰乱了我的大脑。"这让我们很困惑，甚至震惊，无法给出巧妙的回答、正确的反应。我们无法当即就给出一个能够还原真相的答案。时间分分秒秒过去，操纵者能够让所有人听到某个信息、某种评论，某个错误的、疯狂的、无逻辑或是恶意的断言，却没有人对此有所反应……

在仅仅几分钟、几小时，或者在几天甚至几年之后，部分对话对象才意识到那些言语的荒唐，抑或是当时的情形其实是无法容忍的。

一位母亲不停地对她年近 50 的孩子们说："我是依靠自己

把你们养大的。”在30年之后，在孩子们讨论的过程中，他们才意识到这位母亲在家里从来就不是一个人。离婚前不是，离婚后也不是。因为离婚一年之后，她就开始和她的情人重组家庭生活在了一起（大儿子当时已经10岁了）！作为这一真实情形的第一证人，孩子们面对母亲错误至极的说辞也从未做出反应。此外，她还会告知她的顾客、邻居甚至一些陌生人自己曾经是单身母亲，以此来获得“自我陶醉”的极大满足。就好像通过证明自己独自养大了孩子，不仅能把自己放到受害者的位置，还赋予了自己一种额外的价值。这不是一种既博取同情又赢得赞赏的好方法吗？

你还会注意到，此类“告知”行为会发生在并不适宜的时机，且对他人是无意义的。自恋之人在自说自话：他描述的是他眼里自己在倒影中的样子。

因此，第一个能够解释我们为何不反驳某个令人惊愕的说法的原因正在于，它是十分惊人的！

但也有另外一个原因：反驳具有自恋型人格的人是无用的，那起不到任何效果！

操纵者接受不了任何质疑。他的自私让他不可能承受质疑。控制型家长听不进去来自子女的任何指责。

德尼在快满22岁的时候，给母亲写了一封信，解释他们之间哪里出了问题，而没有获得积极的结果。在母亲看来，那封信只不过是他“心理有问题”的证明！

关于自恋型人格拒绝一切质疑时会有的反应，以下几点可为你提供一个参考。

- 要么立刻表现出强烈的情绪反应：吼叫、生气、哭泣、赌气等；
- 要么当即否认自己几秒钟前说过的话或做过的事，尽管那是你听到或看到的："我从没那样说过！"
- 要么对你本人进行攻击，说你是"妄想狂""敏感""难以忍受""充满恶意""好斗"，还会补充说："你根本没明白我在说什么！"
- 要么他会理解为无论他说什么、做什么，你总是对他怀有恶意，要么他会提醒你，你有关他的臆断、看法是错误的，并往往还会说他不懂你为何不理解他；
- 要么他会转身离开，扔下一句："真是没法和你说话！"又或者是："总是要承认你有理才行！"这会让你为谈话做出的贡献丧失影响力；
- 要么他待在那里，赌气不说话；
- 要么他毫无预兆也不说再见就挂断电话。

总而言之，如果你希望让事物回归本来的位置，那在这场论战中你是无法获胜的！

以下是达维德在 12 岁时经历的一件事：

我和父亲针对母亲家的家庭成员曾有过意见不统一。在听到了一些荒谬的话语之后，我大胆说出了“我比你更了解这个家庭（母亲那边的）”。那绝对是实情。话音刚落，父亲就转身折返，不再继续我们的远足，并且整晚都在和我赌气。他的妻子也是操纵者，她很拘泥于礼节地把我拉到一旁，对我进行了告诫。于是，在这一场令人内疚的批斗快结束时，我已经为我犯下的罪行而开始抽泣……

我们发现几乎没有人会公开站出来反对此类行为，这难道不令人惊讶吗？确实，但又并非所有人均无所作为。很多人起初是有所行动的，但当看到对方如上那般疯狂的反应之后，他们最终不再费劲去揭露正在发生的事了。有的对话对象能够立刻识破操纵者的谎言把戏。他们不做出反应，并非出于震惊，而是因为他们深知这通常会引发无果的冲突，得不到任何可能的解决方案。经验也教给他们，他们那极度自恋的家长一点儿也不乐意做出任何行为上的改变。

针对母亲对自己的指责，卡罗琳写信给她，提到了自己记忆中的事件，无果：

“为了不触发额外的疯狂状态，我时常像在和易张皇之人相处那般小心谨慎，对他说：‘对，是这样的……你很完美，你说的当然对，就按照你想的去做吧……’

“我记得在我女儿出生后，你和我爸来到我们家。当我们在喝开胃酒的时候，你突然大笑起来。你起身走到我身边对着我的耳朵说：‘你女儿要是你跟另一位生的（指的是我前任），可能就会少哭一点！’我一动不动，当我丈夫问我是什么引得你母亲捧腹大笑时我什么也没说。看到你的疯狂和恶意让我感到羞愧！第二天，当爸爸问我为何当时表情如此奇怪时，我对他坦白了你在我耳边说的话。于是他问你：‘你没有这样说吧？’你开始哭着回答：‘我不记得了……’看到父亲失望的表情，我放弃了讨论，当然也是因为我的宝宝才几周大，我更想照顾她。你的很多行为都令我惊愕，并且让我更加坚定你承受着极大的精神痛苦，这给你带来了很多损失。当你指责我对你不尊敬或缺乏忍耐时，我向你指出，我从 11 岁起就懂得要克制自己不惹你讨厌！我那个时期的私人日记里写下了这一情况。我一直在等你请求原谅，等一个大度的举动、等你说抱歉（谁知道呢？）、等待你的幡然醒悟……我只是想让你知道我确实在克制自己！”

她母亲看到这封信后是什么反应？答案一定让你吃惊：这位我并不认识的母亲认为有必要主动给我寄来一整套资料，向我展示她的女儿卡罗琳是位操纵者，而她终于摆脱了自己的女儿！在阅读母亲的信件以及其女儿的回信的过程中，我发现卡罗琳并非操纵者，而这位母亲却表现出了所有特质！换言之，尽管书信往来中有她们共同生活的细节来佐证，有谈到母亲的一些态度的内容，但这位母亲——作为真正的操纵者——仍旧对自己的言行毫无意识也不曾做出任何改变。

作为本章的结语，我想指出，坚持信任一个具有自恋型人格的人和渴望得到他的爱，或至少是尊重，是几乎同等荒唐的！不论是哪种情况，往往都是白费劲。面对控制型家长，只要我们仍然期待着一个改变，哪怕是迟来的改变，这种无力感就尤为令人痛苦。它终有一天会消失，取而代之的是接受：一方面，接受自己无法选择父母；另一方面，接受这样的病情可能会出现在任何一个家庭里，没有人对此负有责任。

第五章

身体不好……是真的吗？

une mauvaise santé… vraiment ?

面对健康问题，无论涉及自己还是他人，具有自恋型人格的父亲与母亲做出的反应并不完全相同。

健康这一主题比较核心，且能够帮助我们判断某人是否为操纵者，对于女性尤其如此。然而，请你当心，不要因为你的母亲时常抱怨她的健康问题就过快地把她判断为控制型母亲。在做出这一诊断前，请一定记得在你的脑海中回顾一下操纵者的 30 种特征清单。很多上了年纪的人都会通过谈论自己的健康问题来吸引注意力。我不确定他们是否希望借此获得怜悯或引发负罪感，但我们观察到，食物和健康成了他们尤为挂心的事。步入老年的控制型家长仍旧保持着其病态人格会有的特征。

超级自恋的母亲会比超级自恋的父亲更多地打出健康牌，我们将在接下来的内容里看到这一点。

她不相信你身体不好

无论是否身为母亲，具有自恋型变态人格的人对他人的健康问题是极度冷漠的。但表面上，她会对核心家庭成员以外的人表达关切甚至给出好的建议。面对家人以外的人，她善于通过表现出同理心和乐意帮忙来制造错觉，然而面对自己的子女（或是配偶）时，却全然不是那么回事。

如果某个孩子出现生病的迹象，尤其是一些令人不安的、不常见的症状时，控制型母亲会执拗地淡化这个问题，且是过度执拗。以至于这一不符合逻辑的反应可以被加入超级自恋型母亲的重要迹象清单中。当你指责她无所作为，缺乏支持、帮助或是母爱时，她能够推脱说自己“坚定地乐观着”。这样的推脱是站不住脚的。我们可以在很多情形中观察到乐观主义，但无视现实情况，只想要快速摆脱一个自己决不想料理的问题时，就是过度乐观了。因此，在你述说了自己身体上的不适后，控制型母亲只会满足于就该采取的措施给你几点建议（例如：“吃点维生素 C”或“现在就不要出去度假了”）。

部分控制型母亲会质疑经过专业咨询后得到的医疗诊断。她会显得“比专家还专家”！她这样做，通常不是为了加重专业人士下的诊断；相反，是为了减轻它。换言之，在她眼里，你不会病得如此严重！仅仅因为她是你的母亲，这就足够支撑她坚信自己比任何人都懂你。

我设想了两种原因去解释为何这位母亲不能够接受你可能很糟糕的身体状况。其中一种原因，我把它解释为她既不希望在物质上照顾你，也不想为你腾出时间，这样她才能享受她的清静，继续她自己的计划。这正是索菲遇到的情况：

23 岁时，我不得不计划给自己的一只耳朵做修补手术。我母亲对我说不要去做，因为她会觉得自己要被迫照顾我，而这又不是一种疾病！不管怎么样，我还是做了……趁着我父母出去旅行的时候。

另一种原因是，这样的反应可能是在拒绝思考作为其后代的你没有按照该有的方式被“造”出来，而这要归咎到她的基因或遗传因素。

这样的母亲不仅不会真正信任一份专业诊断，她还会以一种令人不解的迅速给出全然不同的另一种诊断！以发生在维尔日妮身上的事件为例：

40 岁时，我病倒了。我当时几乎不能走路，衰弱极了。

我不得不反复入院治疗，住在 B 教授负责的内科。当医生还未下多发性硬化的诊断时，我步履艰难地走到我爸妈家，天真地期待着得到鼓舞。我把我的担心告诉了我母亲。她断然地下定论说我“根本没病”，B 教授让我去他的科室做那些额外检查是因为他喜欢上我了！我母亲从未见过这位医生，并且也从没来医院看望过我。我认为，这一惊人的断言背后的真实意思是："如果你认为我会操心你的健康，那你就错了！"

试图否认给你下的疾病诊断时，这位母亲可能会指责你装病（这是她自己能够做得很完美的事！）。

法比耶娜讲述道：

对于病人，我母亲向来只有鄙视的态度；她的姐姐住在她附近，身体时常不适，她对姐姐却没有丝毫同情。尽管母亲有一辆车，本可以给姨妈提供便利，她却不肯帮后者。她对于自己的这种无动于衷的解释是，她怀疑她姐姐所诉之苦的真实性。在她看来，姐姐在装病（"你以为呢！要是你提议去逛街，她跑得比兔子还快！"）。除此之外，她还试图通过指责姐姐装病，来说服全家拒绝我姨妈的请求。

相反，当我母亲遭到阻挠时（往往是她无法得到她想要的东西时），她便表现出病得很严重的样子……她自称偏头痛，成功地让大家信服她很可怜。姨妈总是第一个站出来提出帮助她的（可她却愤怒地拒绝了）。

他怀疑你的医生

针对你的痛苦、抑郁、精神问题、学习障碍、运动机能困难以及你可能患有的器质性疾病，控制型父亲表达其怀疑的方式略微有所不同。当然，他也会毫无同情心地诋毁你的虚弱，但他更会去中伤医疗行业的从业人员！他诋毁的并非全体从业人员，而是他们的代表。他无耻地中伤所有会接近其子女的人，无论那人来自生理还是精神健康领域。

确实，无论诊断结果是怎样的，他都不会认真对待。他坚信在这个问题上，自己比专家们懂得更多！为了让人相信自己懂得科学知识，他能够编造出任何荒唐话。他会想办法阻止孩子的治疗。他要求从他的角度去辨别事物，要求执行另一套治疗方案甚至完全不进行治疗！

因此，否定医疗人员能够为他的利益、要求、原则服务，而并不真正满足其子女的需求。达维德记得他父亲是如何大胆贿赂了一位医生，当然这位医生本人也是不够审慎的：

当我还是孩子的时候，大拇指的指甲上患过银屑病，每天早、中、晚都需要进行护理！当时我和母亲一起住，这也是为何妈妈不想让我离开她家附近的市立学校。当时我九岁，父亲在法庭上出示了一份某位S医生出具的证明，这位医生只见过我一次。他得意地肯定了我良好的健康状况，并表示没有任何禁忌证影响我去上犹太学校！这所学校很远，以致我无法继续我的治疗，但我父亲只想要“出于原则”追求他自己的目标……

但凡主题涉及其子女的健康问题，控制型父亲几乎都会执拗地拒绝家庭与治疗师或医生间的会面。一般来说，他会指责自己的妻子没有进行应有的跟踪。他可不乐意为此奔走。要么会以工作任务过于繁重为由，抑或是宣告说“这没什么用”。他敢于在从未见过对方的情况下，就大声宣称推荐给孩子的医生或心理治疗师一无是处、能力低下，是个唯利是图的小人或是江湖医生！

在夫妻离异的情况下，控制型父亲认为自己有权反对其前妻对于治疗方法或医生的选择。因此，在得到有效的治疗之前，孩子通常会浪费掉几年时间，因为其父亲总是设法反对，无论那涉及对正音科医生、外科医生、儿童精神科医生还是牙医的选择。

以下是发生在布朗迪娜的两个孩子（她共有三个孩子）身上的事，她刚刚和一名操纵者离了婚：

儿童精神科医生 H 原本是自家的一位友人，孩子的父亲无法接受在不受自己控制的情况下由 H 医生来跟踪孩子们的病情。他试图操纵孩子们，让他们相信 H 医生“是妈妈的朋友，所以会把一切透露给她”，从而令他们质疑自己倾诉给H医生的情况是否得到了保密！这位医生和我努力坚持着，也坚信对于孩子们来说，跟踪治疗是很有必要的。于是他们的父亲甚至写信给医师协会，要求不再由这位儿童精神科医生来治疗他的孩子们！他可能是从他的律师处找来了某法律条款，该条款明确规定他不能够反对孩子接受治疗，但具体由谁来治疗孩子，他是可以反对的。

除了关系到医疗的事宜之外，控制型父亲会针对孩子的柔道、钢琴、舞蹈或其他任何科目的老师做同样的事，只要那是他前妻的选择。要么得根据他的要求来选择老师，要么就完全不让孩子学习相关课程！此外，除了通过荒谬的方式去否决自己曾经的婚配猎物，以满足展现自己的力量和权力这一需求之外，他还不愿意付钱！他非常嫌恶医疗所需的花费。在陪伴孩子接受治疗或是去做运动的过程中，他隐约看见了不能由社保报销的额外花销、交通支出、“浪费掉的”时间，还有因为没能工作而错失的挣钱机会。

在家庭范围内，这些不陪伴子女的借口往往是明言的，且不带任何羞愧。然而，在核心家庭圈子以外，控制型父亲会完全表现出相反的样子。他宣称为孩子的情况感到担忧，且准备好了为找到解决方案而做出一切努力。

在家里，他反复讲述对“这些自称的专家”缺乏信心。但根本不是那么回事。他做出的反应与对专业人士缺乏信心并无关系。最为常见的情况是，他既没见过他们，也对他们提议的治疗方法一无所知！所以，他是极少能有判断能力的。总体来说，面对任何可能比自己学历高、能力强或经验更丰富的个人，操纵者都会感觉受到了威胁。我想补充说明的是，成为父亲之后，任凭某个自己无法轻易施加影响或进行贿赂的个人与自己的孩子发生接触时，受威胁的感觉就更加强烈：孩子有可能会说出一些“事”，而这些事是任何操纵者都不能容忍眼看着它们逃出自己控制之外的。

然而，母亲可以在做决定时不通知控制型父亲，事后再告知他（视情况而定），从而通过坚持和胆量来使其让步。某些国家的法律规定，为未成年孩子选择跟随某位儿童精神科医生或儿童心理医生进行治疗时，需要获得家长双方的同意。面对孩子，从业人员会因惧怕触犯了这条法规而变得谨慎。这便给保护、关心孩子，想要快速给他们的问题找到解决办法的家长带来了麻烦。所幸，部分儿童精神科医生很清楚，在某些情况下，不采取治疗措施比冒违规的险更严重。很多孩子都能够克制自己不去和那位制造障碍的家长讲述自己去看了“那位太太”或“那位先生”，和他说了话或“做了游戏”。在某个时刻，需要根据自己优先推崇的价值观来做出选择……

最后，当具有自恋型人格的父亲直接面对医疗行业的专业人士时，可能出现两种典型情况。

第一种为虚张声势策略。他倾听、赞同，但不提出问题。最常见的是，他看似同意，不曾提出任何反对意见。于是专业人士难以识破自己在跟什么样的人打交道。会面一结束，他们刚走出办公室，操纵者便在妻子和孩子面前说出跟刚才表现的态度截然相反的话语——他完全反对。他驳斥那个诊断或治疗方案。他诋毁专业人士，质疑其能力、客观性甚至诚信。那一通说辞给予了他停止为孩子的健康问题探寻其他解决办法的借口，因而他也能够不再更多地被牵涉进去，尽管那些办法本可以帮到其饱受折磨的孩子。他会总结说，自己从一开始就不信任这些人是有道理的，不要为了一点小伤痛就小题大做也是对的……

在第二种典型情况中，控制型父亲会以咄咄逼人的方式质问医疗行业的专业人士。他会打断专家的解释，提一些并无意义或打岔的问题，从语言上、表情上或是肢体上对别人给他提供的答案表示怀疑。不管专业人士提出何种治疗建议，他都隐约看到了其中的困难。他反对专家介入其子女的事情。无论是面对专业人士还是自己的伴侣，都必须是他说得对。而说得对，即反对！哪怕在这种情况下会显得无理、可笑，尤其是会威胁到其未成年子女的身心健康。

如果在子女成年之后，他对他们依旧有控制力，那么上述态度并不会发生变化。尤其在年轻孩子仍旧和父母同住的情况下。

诺埃米讲述了在其父亲到场的情况下，与其精神科医生间的谈话是如何进行的。诺埃米 19 岁。她父亲是操纵者，但在不久前发生这些事情时，她尚未明白这一点：

那次我本人与我的精神科医生以及我父母一起进行的会谈给我留下了糟糕的记忆。A 医生请我的父母来一趟，想向他们解释我的问题所在：主要为抑郁、焦虑及重度忧虑。我父亲的第一反应是说："我可不会为了这事跑趟巴黎！"在我们长时间的坚持下，他终于不情不愿地来了。会谈过程中，他对精神科医生说："是你搞得她生病的！大家都会有所焦虑，这很正常！来到这里就为了听你对我女儿说她之所以不想去上学，是因为焦虑，真荒唐！"他打断医生的话，看向窗外……而当时的我已经开始抽泣。我悲伤地、绝望地、害怕地、痛苦地看着 A 医生。至于我母亲，她已经不知道该说点儿什么，做点儿什么了。看到我如此难受以及父亲的反应，让她很痛苦。精神科医生回应我爸说："先生，你可以有你的情绪，但请你别打断我。"

从那之后，在家里，在饭桌上或是当我们讨论的时候，父亲总会嘲笑我，因为我需要去看精神科医生还有心理医生。他在发笑！由于他与我母亲相处得很不融洽，他经常会说出一些侮辱性的话语："应该是你妈去看心理医生，她太需要了！""真是乱来，这是在糟蹋钱！"他不愿意为我的咨询花一分钱！是母亲支付了所有的咨询费，还有我参加自我肯定与尊重训练小组的费用……它们对于我来说十分必要！

相当矛盾的是，与此同时我听到他在与我姐姐（她知道我的情况，也支持我为寻求帮助而奔走）讨论时，观点完全变了！在姐姐面前，他开始说这很好！这种假象令人痛苦，因为一旦姐姐不在，嘲笑和反对就又回来了。

他还对我说药物起不到什么作用，我应该停止服药。这正是去年曾发生过的事：我当时在服用减缓焦虑症状的药，我立即停了下来！那时我还不知道我父亲是操纵者，我听了他的话，情况却越来越糟，甚至到了我什么都不想做，也不想继续大学学业的程度。我每天都把自己关到房间里哭泣。我父亲就任由我处在这样的状况中。在他看来，我这样生活很正常。他成天安静地坐在电视机前，时而做点儿吃的，一点儿也不担心我可能变成什么样子。

父亲对待母亲的态度也很恶劣。A 医生告诉我那是一种精神虐待。比如，我记得有一天我们四人一起吃饭时，父亲对母亲说："你又没去采购！还是什么也没买！给你的孩子们吃屎你不觉得羞愧吗？"

面对其他人的虚假同理心

那些清楚地知道自己的母亲具有自恋型人格的人却难以让周围的人也认识到这位女性的真实情况，包括她的大家庭。这可是他们自小起就很高兴地观察她一举一动的女性啊。

确实，揭露这个假象并不一定能够带来预期的效果。操纵者的很多朋友以及家庭成员都无意识地想要维护这位女性热情、关心他人、乐意为他人的难题伸出援手的形象。对于普通大众来说，要突然去接受某个自己向来认为真诚的人不过是一个感情骗子，是有难度的。更糟的是，需要清楚地认识到一个看似十分正常的人却没有一丁点儿真正的同情心时，这变得几乎令人难以接受。

如果你试图让你尊重的、不想眼看其“被骗”的人看到操纵者这些方面的话，请做好准备面对指责。即便如此，你的举措或许将会第一次引发怀疑。

波利娜揭露了她母亲鲜为人知的行为：

我经常试图给一些近亲（例如我当心理医生的姨妈）或稍远一些的亲戚解释我所经历的情况。很显然，我并不太具备说服力。对于我们小家庭以外的人而言，我母亲完全不是我试图描述的那个样子。她是一个优秀的女人，以优异的成绩从医学院毕业，教养良好。她关心那些处于困境中的人。妈妈无数次去医院看望一个在车祸中受了伤的侄子，却几乎不问我——她最近刚被诊断为多发性硬化（SEP）的女儿——的近况，理由是“电话费太贵了”！

此外，当我还住在母亲家的时候，我每次都能为她接电话时采用的温柔甜美的嗓音而震惊。可是当面对我时，她便只有冷酷的话语……

我父亲曾经是全科医生，当时母亲在他的诊所里工作。她负责接电话。面对那些焦虑、抑郁的病患，她是如此缺乏倾听的耐心，以至于她那些完全不适当的评论让父亲流失掉了一批客人。10年之后，父亲被迫换了职业，因为母亲对那些年轻的女病人表现出一种病态的嫉妒，同时还完全缺乏同情心……

操纵者会假装出很多事，其周围的人想象不到这一点。不管怎样，我认为有必要针对每一个人，明确地、有理有据地去揭露家里的操纵者是如何要着不平等的情感把戏。得不到信任的风险是存在的，但得到信任的机会也同样存在。

我们在上文中看到，操纵者能够假装出对于某些人的同理心，但他最经常的做法是假装成受害者以博取他人的同理心、他人对自己的特别关注、他人的负罪感或是空闲时间。

她们才是受害者！

如果说操纵者否认你糟糕的健康状况，那么对他而言自己的健康问题却不是那么回事，并且态度正好相反！他会和自己的孩子进行对比，要显得自己比孩子病得更重或伤得更深。下面这个例子很能说明问题。

卡罗琳通过书信提醒了她母亲以下事件：

“当我身体上或精神上不适时，你从未安抚过我（你时常打击我说‘是我自找的’！）。遇上身体极度不适时，你只会让我坚强，让我不要抱怨。某天早上，在医院里，在未注射麻醉的情况下，我被抽了六次股骨头处的骨髓。回家时，你让缠着绷带、背上有洞的我来开车，理由是你被那‘屠宰场面震惊了’！”

让自己看起来像一个身体孱弱的受害者这样的操纵策略并不会被做得太明显。我想提醒的是，自恋型人格之人面对公众时可比面对自家人时要巧妙。我猜想，若当时有第三者在场，卡罗琳的母亲会自己开车且不会说出那样的话。

自恋型人格家长的自我中心主义，附加上内心深处对于孩子的同理心的缺乏，会让情况变得怪诞可笑。索菲直到最近才明白了她观察到的以下情况与其母亲的病态人格间的关联性：

当我谈及我或是我的孩子们的身体情况时，她就会开始说其他人的健康问题！她完全不关心可能发生在我或是她外孙们身上的事。我得过一次腹膜炎，后来下肢瘫痪了。至于我的孩子们，他们患过抑郁症，曾用过大剂量的生长激素来进行治疗。我对她说起的，关于我们的健康问题有多严重的话，从来未真正引起过她的注意。

达维德在其控制型父亲身上也注意到了相同的反应：

16 岁时，我因腹部剧烈疼痛而入院，但医院未能查出原因，而后我出院了。接下来那个星期里，我对父亲倾诉说肚子是到目前为止最为让我疼痛的部位。可他却强烈地反对了，反驳说他背部的疼痛要比我的疼痛剧烈得多！

她利用小伤痛来谋得好处

如果具有自恋型人格的女性遭到了阻挠，她十有八九会通过非言语的手段来吸引注意或激起内疚感。这些手段有：赌气、做出反对的神态、假装的冷漠，还会有对于身体某处虚弱之程度的强调（通过走得较平时缓慢来拉开与他人的距离，从而强调自己行走时的困难，再伴随着叹气，以及突然的步履蹒跚）。事后，当我们发现那些夸大的虚弱均出现在盘算好了的时刻时，不免有些引人发笑。这些女性操纵者的孩子们终于看懂了其中伎俩，立刻相对地看待起问题来。就算冒着被当作忘恩负义之人的风险，他们也不再急切地去“帮助”“病人”！

出于天真和内疚，卡罗勒在很长时间内都被其母亲的把戏欺骗着：

我不得不迁就她的脾气。她曾十万火急地让我从第一次做代班医生的岗位上赶去参加某位舅公的葬礼。这位舅公我从未见过，而我当时答应了值24小时的班。

10年间，每次我们外出度假（从未超过15天），她都要让我为了据称生病的外婆而返回。每次我赶回来，外婆都一切安好！

后来，每次我到国外度假或开会，又成了她总是突然出现机能紊乱。

如果我反抗，她就会让她的一位女性朋友给我打电话，让我感到内疚，她会对我说我多么配不上一位如此可爱的母亲。

无论是真正的抱恙还是假想的虚弱（关节炎、心脏脆弱、刚做过手术、后遗症、癌症等），这都给了女操纵者一个很好的机会，不需要太费劲就能突出自己的受害者状态。男性操纵者很少使用这一计策。在他看来，疾病和痛苦更像是柔弱的体现。所以，他不会强调某一痛苦，也绝不为此抱怨，从而避免显得长期处于这类脆弱之中。

此外，一旦控制型家长在某一时期（例如住院期间）得到了大量的关怀和探望的话，他便会渴望着一个更为长期的服务关系！他并非真的需要帮助，但就是希望人们为他全心全意奉献，哪怕他压根没那么多需求。他与你往来时，就仿佛默认你的空闲时间是属于他的，无论在陪伴的时长还是形式上都是无限制的。关于这一主题，妮科尔给我们讲述了一件小事：

我母亲在出院前几天对工作人员说："我不需要去敬老院吃饭了，因为我女儿和女婿会给我做的！"只不过，她的女儿和女婿都不知道此事！

然而你可能会为一种看似相反的态度而惊讶：她一边弱化她的疼痛却一边给你刻画一些细节。她让你不要担心，但却不告诉你确切的医疗诊断结果（这显然会让你担心，因为你不知道确切的信息！）。随后她索性不再告知任何消息。她大概是在测试你会有多么迅捷地去获知其健康情况的进展。然而，控制型母亲会在暗地里怨你。我们知道，大象有着超强的记忆力，如果你没能令操纵者的自我得到满足的话，他们也同样有着超强的记忆力……

我倾向于认为，与普通大众相反，女性操纵者在详细描述自己的病痛时并不会生出沮丧的情绪，反而是重新恢复了精力！

再者，如果其配偶遭受着长期的健康问题，具有自恋型人格的妻子却反而会保持一种精力充沛的状态！这神秘的身体和精神间的能量转移是怎么回事？已经有成千上万人观察到了这一科学尚不能够解释的奇怪现象。

弗朗索瓦丝观察到了其父亲和母亲之间的如下表现，并为之感到困惑：

几年以来，我每四到六个月去看望一次我父母，我看到父亲日渐衰弱，而母亲尽管有比较严重的身体残疾（她拖着一条腿走路，且左侧胳膊瘫痪），却显得越来越年轻、有力量、没什么毛病！

然而，在我周围的人看来，我母亲之前“病得很重且陷入抑郁状态”。我在寻思这是否是她当时的真实情况，或许那不过是她为了让自己看起来像受害者的众多操纵手段之一。

无论身体是否真的欠佳，女性操纵者都能够从中谋取好处。如果到了某个年纪还独自生活，那么女性操纵者并不一定会真正照顾自己的健康。她的意图是否在于，令人去想她身边是否缺乏一位好心人来认真关心此事，同时显示她理应受到关注？所有来自其子女的建议均遭到了强烈反对，哪怕这个孩子已经成年且考虑周密。某些生活中的规矩本能够为她保持正常的健康状态，然而不遵守它们带来的相应后果却需要其周围亲近的人去承受。例如，她患有肥胖症或有其他身体残疾，这些症状没有及时得到医治、照料，或是没有配合合理的饮食。结果，家人一起徒步时必须要放慢前进速度，甚至直接放弃。

女性操纵者会在为了提升自己的公众形象时表现得很守规矩（衣着、配饰、妆容、发型……），但似乎把维护自己健康的任务委托给了他人（或者通过昂贵的费用委托给医疗保险！），同时还拒绝了来自家庭亲属好心的建议。

在这个问题上，德尼为其母亲不负责任的态度感到沮丧：

我母亲不再独自行走。她总是待在家里，在电视机前一坐就是一整天。在我看来，这对她是有害的。她抱怨的事情里包括了膝盖疼痛，但她却不去做据她说会对她有好处的伸展练习！她同样说过应该找一名信得过的主治医生，但却从未付诸行动……

如果你在你母亲身上也发现了此类不成熟的表现（除非有另一种病症能够解释它们，例如精神分裂症），问问你自己，她是否能够从中获得一些附带益处。

何谓附带益处？总体来说，是指感到不适之后得到的某种优待。例如，如果一个人患有旷野恐惧症，不敢走出自己家门，或者只敢在寓所附近有限的区域内活动，那么她得到的好处是当她走出这个活动范围时，总会有她的丈夫或孩子们（交替地）陪在她身旁。她的病痛和依赖给了她很好的借口来让自己自然地依赖于家庭并巧妙地控制它。这也解释了为何很多旷野恐惧症患者在 15 年之后才去咨询某位专家治疗师。

当一位操纵者，尤其是一位控制型母亲自称成了某人或某个不公正事件的受害者，称自己生病或患有身体残疾时，她期待的是别人对她的支持，期待获得比实际需要更多的支持。这种支持可以表现为多人的陪伴、为其减轻财政负担、提供免费交通或无偿服务，甚至是经济上的支持。

例如，一位患肥胖症的控制型母亲会让所有人的行走速度慢下来。这个时候便会有人主动提出挽着她的胳膊，如果她想休息就陪她坐一坐，和她说说话。于是，操纵者就阻止了这个人按照自己的节奏前进，导致对方直到行程结束也未能参观某个计划中的景点。她那充满了自我中心色彩的目标在于不让自己感到孤单，哪怕这会让她对别人给予她的感情产生错觉。如果她治好了疾病，便不会再有人给予她特别的关注。所以她也绝不可能认真地努力减肥……

其他真实或夸大的身体残疾带来的好处是：不用出门、不用去采购、不用照顾家庭，甚至不用去上班。那么随之可能出现的结果有：接受来自社会团体的金钱，或自己不用付钱而是任由他人买单。

当然，通过听从医生的嘱咐，健康状况是有可能得到改善的。但，若在操纵者看来，生病带来的好处超过了不便，他是不会做出丝毫变好的努力的。而且此处还未考虑其涉及病情严重程度的谎言，以及是否真的存在健康问题……

她总是说自己疲惫

如何利用他人的精力来推卸自己作为妻子或母亲的基本责任？如何在不想履行职责时为自己留出大段的安静时光？似乎所有女性操纵者都深谙其道：展现疲惫！

这个神奇的字眼可以让她的需求突然就享有了优先权。对一个在背诵诗词时要求得到关注的孩子，她叹着气回答说：“又要干什么？噢！你真是让我疲惫……”

有多少控制型母亲会抽空陪伴孩子写家庭作业？我说的是“陪伴”，而非通过一个简单问题：“你做作业了吗？”（说出这个问题只需两秒钟的口腔运动！）来“检查”学习任务是否完成。与控制型父亲面对家庭作业时的超级控制欲相反，控制型母亲对作业一点儿也不感兴趣。

以疲惫为借口可以促使周围的每一个人调整自己的节奏以适应这一新情况。哪怕是女性操纵者接受甚至是她自己提议的一个简单的散步或是文化游览，也可能因其突然感受到的疲惫而缩短。外出社交活动可能在临出门前被取消，和朋友或熟人间的晚会也很可能因为同样的原因而被缩短。这一情况几乎成了惯例。

然而，当你客观地去观察究竟是何种原因造成了如此频繁反复的疲惫时，你将会总结得出——根本就不是因为疲惫！

丹妮丝的母亲非常善于利用自己的健康来让全家人感到内疚：

当有人惹她不快时（例如我弟弟的学习成绩），她会哭泣着把自己关到房间里，让我们（父亲和我）因她的疲惫状态而感到内疚！一两天的时间里，她都拒绝照顾我们，我父亲不得不下厨做饭。

这样做的真正意图是什么？第一，在多个亲近的人，甚至整个团体中间引起对自己的关注。这些人会出于同理心而调整步伐来适应自己。第二，使得周围的人代替自己去忙碌，以填补自己懒惰的空缺。第三，给出充分的理由来解释为何拒绝涉足某一领域，为何从未清楚地说明这其中令自己痛苦的原因。当疲惫“突然袭来”时，她的操纵能够更好地发挥作用！此时，她可以让人认为她的初衷本是完全参与到活动当中，只不过受了苦，而这种辛苦是她无法战胜的！

在她看来，只要简单地说出“我累了”便能抵消所有应当的努力，而且在她周围的人眼里也如此！然而，有多少父母在疲惫的情况下仍然准备了一桌饭？又有多少父母在工作了一整天之后仍然让孩子背诵功课、帮他们洗澡、清洁耳朵、回答他们的问题？

卡罗琳给她母亲写道：

“你是否记得你总是说你很累，其实你并没干什么活儿！你总是使用‘神经衰弱’一类的表达……奇怪，你在动用你的毒舌的时候，还有频繁出去吃喝玩乐的时候就不感觉到累！”

索菲也观察到了同样的情况：

自打我小时候起，我母亲总是说她“累了”！到了现在，她说自己“焦虑”。她暗示说我们不足够关心她的消息。我有点难以相信她累了或是焦虑了，因为她能在转瞬之间就推翻自己刚刚说过的话，把自己的情况说成微不足道……

控制型母亲是“疲惫”的母亲，且这将持续你的整个一生！若你听之任之，她的疲惫最终会让你精疲力竭。你有必要照顾好自己并确立好界线，以保护自己不被这些所谓“长期的健康问题”化为的重担压垮，也避免它们可能给你自己的健康带来的潜在损害。

第六章

过于以自我为中心的父母

Des parents trop égocentriques

自我中心主义是所有操纵者的一个共同点。那是一种将一切集中到自己身上的倾向，总想让人站在自己的立场或从维护自己利益的角度作评判。

相反，操纵者们并不一定是自私的。有自私倾向的人只关心自己的乐趣和个人利益，丝毫不顾及他人的乐趣和利益。如此，有的操纵者会或公开或暗中地表现出自私；而有的操纵者会在情况对他们有益，甚至有利可图时，相反地表现出利他主义、侵略性、占有欲以及慷慨大方。

和操纵者之间难以进行真实且真诚的交流也与其以自我为中心有关。谈话刚刚开始，控制型家长便能够“把所有话题集中到自己身上”。于是造成了他对你遇到的事漠不关心的印象。事实上，尽管操纵者本人并未及时给出符合你期待的反馈，但你想要对他说的关于你的事，他是完全能意识到的。在几秒钟或几分钟之内，你们之间确实会出现不协调。正如下面案例中的情况：

韦罗妮克从未向她的控制型母亲要求过什么，但这位母亲却无缘无故地说道：

“你们不需要在经济上帮助我，你们应该已经感到很高兴了！现在很多孩子都得负担他们的父母呢。”

韦罗妮克回答说：

“确实，但我也可以对你说相同的话。在如今的经济危机下，我认识很多家长都不得不帮助他们的孩子，而你不需要那样做，我自己搞得定……”

于是操纵者针锋相对地答道：

“正是如此。那么这说明了我的教育还不是太失败！”

操纵者会围绕一个本不应该出现的话题发起讨论，这也是其特点之一。于是你感到自己被迫以某种方式回应这一话题。而操纵者的特征是——无论原本的信息是什么，他总能够巧妙地为自己开脱。换句话说，总是他有理！

厌恶倾听

在内心深处，操纵者对于你遇到的事，尤其是你的好消息以及你取得的成功是不感兴趣的。德尼向我们讲述了其控制型母亲的行为：

我们去看望我母亲的头几个小时里，我的伴侣尝试去抛出别的话题，以避免将谈话内容局限在她所关心的那个小圈子（例如，她身体不好，但她没去看病。理由是她的计划被“别人”拖了后腿，因为那些人没有及时地有所作为！她打算打电话纠缠他们）。她立即不加掩饰地打断了他：“我没什么好说的！”

然而，也会有与这个例子中的情况相反——控制型父母不在口头上表示自己不感兴趣，而是像其他操纵者一般在倾听的过程中做出其他行为，即我所说的厌恶倾听。例如，当你在讲述你的事时，他却在关注电视上的节目、周围的环境、他的信件或是电脑屏幕上显示的内容等。他不会看着你，因为目光投到了其他事物上。你必然会感到你的话语是无趣的，或是打扰了他。这正是操纵者无意间传递出的信息：他对你不感兴趣。然而，最糟糕的是，若是你因此不悦并问他说：“你都不听我说话！我刚才说了什么？”他将会一字不漏地重复出你的最后一句话！在我提到的这种沟通当中，重要的不是听见了每一个字，而是真正把注意力放到对方身上，并且让他感受得到（表示赞同、做出表情、恰当应和、提出问题、总结看法、进行补充）。与自恋型人格之人在一起时，这类真正的倾听时刻是罕见的。有时，操纵者甚至不会装出在倾听你的精彩故事：他不致歉便打断你，接着对你说完全不相关的另一件事！

终于厌倦了的孩子们最终便不再提起自己生活中的积极面。他们调整自己，在交谈时选择与相关家长之兴趣相近的话题，或更糟糕的是，仅限于谈论晴天雨天了……

以下是某位控制型母亲的儿子讲述的事：

近几年来，我们打电话时，她不愿听到关于我的事，不愿倾听我究竟遇到了什么。她只对发生在自己身上的事情感兴趣（尤其是她的健康问题）。于是我采取回避策略，跟她谈论天气。尽管这样，她还是指责我，说我难以捉摸。真是双重禁令……

对你的生活缺乏由衷的关心

如果操纵者对你缺乏真诚的关心，那么很不幸，他是由衷地漠不关心！太过于关注自己所挂心之事的他在内心深处是缺乏同理心的。他不在乎你的幸福、感受以及情感。我们来到了所有问题的核心：其病态的自恋。

达维德对以下反应印象深刻：

我奶奶过世的时候，我打电话通知父亲。我当时很慌乱不安，期待着来自他的怜悯。然而他的反应就如同我刚才通知他的不过是一个很普通的消息一样。

当观察到以下情况时，他也明白了父亲对于自己的漠不关心：

当时，暑假期间，我必须在我爸妈家各待一个月。在我本应该跟父亲一起度过的那几个月里，他常常把我送去参加宗教夏令营。最后，在他本该照顾我的那段时间里我压根儿没见到他！

操纵者的艺术在于——通过逆向图式来让外界产生错觉：让人相信他对他人是满怀关切的。在上一章当中我们已经讨论过，当操纵者面对他人表现出充满人文情怀的热情时，那实则是一系列掩饰其真实本性的欺骗性态度。

核心家庭里的成员能够看出他缺乏道德、同情心以及对于他人的关怀。因为在核心家庭里，他不会加以掩饰。那么我们可能会想到，这位家长在对待自己的孩子时会有所不同，然而绝非如此！除了在需要填补孤独感时，他会为了让孩子们前来看望或陪伴自己而努力之外，这位家长很少努力佯装出对于孩子们的生活以及他们可能遇到的困难的任何兴趣。然而我想要提醒的是，根据某个孩子在兄弟姐妹当中所占据的情感地位，控制型家长执行的是双重标准。在这种情况下，某个孩子相对于其他孩子将会得到特别优待，自然也会更多地受到关注。这些关注是由衷的吗？有这个可能，至少暂时是由衷的。只要这个孩子仍能够满足这位超级自恋型家长的需求。至于独生子女，乍看之下，他似乎是家长最大的牵挂（尤其是母亲，母亲会把年纪还很小的女儿变成自己的知己密友），但如若独生子女突然对别的人表现出热情，那么家长对他的态度可能在几周之内就突然发生改变……

悲伤的孩子，轻蔑的父母

我注意到，操纵者回应他人情绪的方式十分奇怪：他人的喜悦令其不快、他人的愤怒令其欣喜、他人的恐惧令其兴奋、他人的悲伤令其轻蔑。

面对伴随着哭泣的悲伤情绪，男性操纵者会开始滔滔不绝地说话，但是这些话并非安慰性的，正相反，它们咄咄逼人，充满轻蔑。这便是 18 岁的洛朗斯遇到的情况。某天晚上，她想向父亲解释为何这两年来她状态都不太好：

我父亲毫不含糊地禁止我“在他家里哭泣”。他拒绝“围绕可能引得我哭泣的话题进行交谈”，他不愿意“应付哭泣的我”，他绝对不接受“我在拥有了想要的一切的情况下还在他家里哭”！自然，他什么也不想听。整个交谈过程中，他都不曾直视我的眼睛。此外，这次交谈也没起到任何作用。他如同一只牡蛎一般固步自封。当我问他是否关心我，他以一种坚定的语气说道：“如果我说不，你就要到你的房间里哭去了。”说这句话时，他的眼睛是盯着电视的。

几分钟后他来我的房间里找我，他歪曲了我的话，并且就我“情绪化的性格”开始了另一番滔滔不绝。随后他对我说：“如果你无法为了我们能够相处而做出改变，那么你应该想想……”这次换成了我不看他，但用一种坚定的语气说道：“我要搬到城里的公寓去！”于是他不合情理地开始了第三段滔滔不绝。言语之间，他预言我将会经历地狱般的生活：“你等着看吧，要工作、上学、养一套公寓有多难”。他坚持说我住在他家里一切都是最好的，如果我要搬到公寓里去，他拒绝给予我帮助！“你在这里很好，只是你意识不到！”那天晚上，这句话他重复了五次。

这个案例作为操纵者此种特质的一个证明，颇值得关注，它说明了两点：一方面，你可以清楚地观察到，女儿悲伤的情绪让控制型父亲极度不舒服；可是另一方面，当其年纪尚轻的女儿突然决定要彻底搬走的时候，想到自己孤身一人又令其惊惶失措。他的话语彻底转了方向，以刺激女儿留下。这一转变仅仅花了几秒钟时间！这段交谈的后续发展也同样值得注意。它能够让你识别出当操纵者想要腐蚀孩子的正直并控制他时，会如何从一个讨论主题迅速跳到另一个。

洛朗斯的父亲继续说道：

“我呢，我跟你哥哥相处得很好，我跟他之间就从没出过任何问题！可是你啊，如果你想继续跟我作对，或者继续认为你在这儿不好，那么我想你应该去看医生了！”

洛朗斯将目光从电脑屏幕转移到父亲身上，尽力注视着他，神色沉着镇定地回答道：

“这正是我要去做的事。我打算大学一开学之后就去看心理医生。”

洛朗斯明确地看到了父亲眼中的惊讶。就是从那个时候起，他开始辱骂她、贬低她。他还补充说，如果她的选择是去看心理医生，她可以（“投入到一个陌生人的怀里哭泣，诉说自己有多么不幸”。但那根本不是实话！）

再一次，谈论未带来任何成果……

当具有自恋型变态人格的父亲面对自己哭泣的小男孩时，情况会更加糟糕，他会怒火中烧，他的轻蔑程度将会加倍。他断然地拒绝接受自己的儿子竟如此脆弱。想到这个孩子缺乏个性，如此不像自己，这便激起了他嫌恶的情感。这样的父亲完全不能接受此种情况，他大吼大叫，摇晃自己的儿子，惩罚他、虐待他。问题在于，怒火往往伴随着肉体上的摧残，而孩子在整个童年期间都忍受着这种摧残，且如果他继续与这位父亲保持联系的话，甚至可能要忍受一生。最糟糕的情况是，孩子非常可能一直在寻求来自父母的宽厚的认可。因此，在追求认可的过程中，他可能无意间做出多种有害自己的行为，从而糟蹋了自己的生活。我提倡早早地开始心理治疗。但治疗应秘密进行，因为控制型父亲不赞成那些专业人士介入自己对孩子的教育当中，他会把这解读为干预、对他构成了威胁。想要走出遭到父亲排斥的痛苦，一方面，小男孩需要理解其父亲的病态，学会不将责任归到自己身上；另一方面，还需要学会停止那些无意间损害自己的行为，这样方能在成年之后过上幸福的生活。如果没有外界的帮助，或者没有机会以强健的韧性去经历一些状况，那么我对于这个孩子未来的幸福持悲观态度……

当婴幼儿患上某种器质性疾病或有某种身体残疾时，这孩子也能够在具有自恋型人格的父亲心里引发同样的轻蔑态度（在第二种情况下，他有可能不曾努力对孩子进行训练，就离开了妻子和孩子：这个儿子不是他的！）。他对于婴儿的疾病没有任何同理心，他无法接受这样的缺陷（在他看来，那预示着一个不良后果），更容忍不了他的眼泪……

在其他情况下，操纵者严重的自我中心主义会令其本能地采取一些态度或做出一些决定，而这些态度或决定是不被社交准则所接受的。

在亲子关系中，如若我们认为爱一定是核心内容的话，那么控制型家长的那些行为或话语就会显得更为反常。

他们不为家庭生活付出任何努力

家庭、夫妻或是集体生活会促使我们调整自己去适应或做出让步以尊重他人的需求。

操纵者只会在不妨碍到自己，或这样做适合自己的情况下顺从他人的愿望！

为了让自己的核心家庭成员（配偶及孩子）喜欢、高兴而付出努力，这一念头会激起操纵者强烈的反抗心理。而他的家人还必须忍受其精神状态……

德尼向我们讲述道：

每当我母亲没有她已婚情人的消息，而她又不能主动打电话给他的时候，她就开始恶劣地对待我们，从不致歉也不给出任何解释。她把自己完全封闭起来，待在电视机前，并不关心我们在不在家。我花了很长时间才明白了这其中的关联性……

还有一个同样惊人的情况：具有自恋型人格的家长当着已经成年且终于愿意来看望他们的孩子的面，仍不努力改变坏情绪，且这样的案例不在少数。只有在最初的几个小时里，有可能一切正常，气氛友好、亲切、热烈。有时，这样的局面能够持续三天，这已经是最好的情况了……在我看来，这再一次证明了他们没有能力管理自己愤怒或悲伤的情绪，而这样的情绪极少是因为在场之人可能做出了令人不愉快的行为而触发的。而这会给你带来困扰，因为你未得到与其坏心情相关的任何解释，你很可能开始从自己身上找原因，试图搞懂你什么地方惹到了他。然而，又没有什么能够证实这是其有意为之。事实上，超级自恋型父母经常要求成年子女来看望他们，但他们并不一定意识得到，这些共度的时光对于他们的孩子来说有多痛苦。

以下是一个控制型父亲的案例。伊万的父亲不愿意他和利纳结婚，理由是这样的正式结合意味着他将对他的妻子和孩子负有“经济义务和责任”！

利纳更为清晰地讲述了这一系列事件发生的时间顺序：

尽管他父亲不支持，我们仍旧决定将我们的关系“合法化”，我们打算在12月，即我怀孕七个月的时候结婚。我们原打算只是小范围地（仅邀请双方父母、祖父母、兄弟）举行非宗教婚礼，之后请大家吃一顿丰盛的饭。最后我们被迫取消了，因为伊万的父亲通知我们说他无法到场，他要去参加滑雪培训！

所以，我们没法在宝宝出生前结婚了。于是我们将婚礼推迟到下一个夏天。我父母之前因为不能给他们的女儿举行一场盛大的婚礼而失望，于是要求我们办一场传统婚礼（市政府登记、教堂举办仪式、设宴款待等）。

我们的儿子于2月初出生。生产很不顺利，我的生命曾一度受到威胁。总而言之，我需要接受四个月的集中治疗才能摆脱这些健康问题。在这段时期里，与伊万父母的关系又进一步恶化了。他们总是抱怨，因为他们希望每逢周末，他们的儿子就带着宝宝去他们那里过。然而周一到周五，伊万是独自待在我们自己家的（为了写他的博士论文）。至于我，我带着宝宝住在130公里以外的我爸妈家。我当时需要日常护理（每天两次），无论是白天还是夜里都无法照顾我们的宝宝。伊万也只能在周末过来与我相会。如果他要带着孩子去他父母家，他就没有时间跟我待在一起了。我的医护团队避免让我住院，这样我才能够留在宝宝身边，但我的健康状况依旧堪忧。当然，伊万的爸妈要是乐意，可以来我住的地方（即距离130公里处）看望宝宝，但是这让他们不满意！

难以寻得的帮助

控制型家长不会为孩子们提供帮助。因为那意味着他需要付出努力、重新安排自己的计划、腾出时间，而这是他不愿意给予孩子们的。他并不关心他的帮助能够带给孩子们什么样的宽慰。

米莱娜在其具有自恋型变态人格的母亲身上多次注意到了这一点：

我给她留了一些钱，用于支付我之前订购的书。我也请她帮我取回我的驾照。我还留了一些钱给她用以支付给我邮递这些东西的费用。结果，我什么也没收到。我不得不趁着少有的走动机会自己去取回了驾照（我当时人在国外！）。

来自希腊的玛丽昂也在她母亲和哥哥身上观察到了同样的拒绝帮忙的行为。很不幸，这两位均为操纵者：

由于我母亲和哥哥经常占用我在希腊的公寓，他们本应该就公寓相关事务给我提供一些帮助，但他们总说那些任务对于他们来说太过困难了！最后，我只好依靠自己，在法国设法找出解决方案。对于我来说，那确实更为复杂。所涉及的多项事宜的进展也总是不明确：小型施工、空调的安装、花园的维护……

然而，所有操纵者都懂得给周围有需要的人提供帮助，但他却极少对自己的孩子真心实意地这样做。

当具有自恋型人格的父母对于自己子女的物质需求表现得漠不关心时，他似乎不会产生任何内疚感。不会劳心去思考自己的不作为可能带来的后果。

如果这不是在体现一种纯粹的自我中心主义，那么不愿意帮忙大概应该被视为一种惩罚或一种强制行为（压制性质的），发挥着传递信息的作用！

在萨布丽娜的案例中，这两种猜想可以为以下事件提供解释：

我的汽车牌照是落在我母亲名下的。所以她会收到每年度的车辆税单以及偶尔的违章罚款。由于违章罚款是在我离家之后才送达的，我当时并不知情。因为她没将罚单转寄到我的新地址（尽管我是给过她的），我猜想是她缴纳了罚款。后来我着手办理更换牌照的手续。很不幸，那需要用到一整套只有我母亲才持有的材料，并且还需要一份由她亲手签名的证明信表示她同意更名。我把所需材料清单通过信件寄给了她，并清楚地附上了我的新地址。一年时间里我都没收到任何消息！我向行政部门解释了这一情况，但是他们告诉我没有那些材料他们什么也办不了。可是，我感到自己做不到为了解决问题而打电话给母亲。后来，有一天，一位警察找到了我家。他是来传达我母亲就违章罚款和更换牌照事宜而提起的诉讼的！所幸的是，我保留了我寄出去的所有资料的复印件。我清楚地解释了所有操作步骤，也说明了我始终没有得到来自她的任何消息。到了那个时候警察才告诉我她搬了家，或许没收到我的文件！通过中间人传递信息外加进行要挟，就是她让我不得安稳时的一贯作风。

服从他们的意愿

具有自恋型人格之人总是需要别人承认自己有理、由自己来做决定（哪怕那违背了大多数人的意见）、别人要向对待古时的君王一般效力于自己、自己要享有特权，无须服从于由社会和多种多样的组织机构建立起的规则。换言之，他们花费生活中的时间和精力来验证他人是否满足了自己的意愿。此类人格以自我为中心的一面是很容易被观察出来的，因为他们完全不考虑他人需要承担的风险，也不考虑他人需要因此而调整计划！

法比耶娜给出了两个例子来说明在其母亲身上观察到的这些特征：

我出差时，我母亲会让我把酒店提供的浴帽带回来给她，因为它们比商店里卖的更轻薄一些。我回来后，她向我要了去，并热情地感谢我。但这一请求逐渐变成了一种束缚，只要我有哪一次忘记了拿浴帽，她的反应就会很过激："你怎么能忘记？又不是什么大东西！它让我知道你想着我，我就很高兴了！"我很自责，于是下一次出差时，我就赶紧先收浴帽，就如同这是一件国家大事。但做这些事情时，总是隐约有一种中了圈套般的不适感受伴随着我。我感到自己必须在细节处都想到她，即使她离得很远。她让我远程地有所表示，强迫我默认没有什么比满足她的小愿望更重要。

法比耶娜的母亲使用了一种有效的方法来获得自己想要的东西：她清楚法比耶娜看重的原则之一就是信守诺言。于是，操纵者强行让她许下了承诺，随后提醒她"人应该总是信守自己的承诺"。操纵者的操控仅能在你坚持某些原则（我们称为认知）的时候发挥作用，他们会在恰当的时机轻松地挥舞起旗帜来提醒你这些原则。当然，这些原则能够让你在社会生活中与他人和谐共处。法比耶娜关于承诺的信仰能够让她被视为一个可信的人。这是一个很可贵的品质，但在无论什么情况下都把它奉为原则会令她变得刻板、不懂变通。原则不关乎某个特定情形，而是适用于所有情况。这便是陷阱所在……换言之，如果法比耶娜做出了一项承诺，而现实情况并不允许其信守诺言，那么她会找出所有可能的方法来克服障碍，哪怕那要让她置自己于为难的处境之中。

法比耶娜描述了她母亲的常用手法，通过这个手法，母亲引导她在并非由自己决定的情况下许下了承诺：

我母亲通过肯定的陈述（用现在时或将来时）来获得他人的许诺。她不会清楚地询问，因为那样有遭到拒绝的风险。例如："你一到就给我打电话！"她的语气不容置辩，甚至不需要对方赞成，这事就说定了。如果我不幸地没有在到达后立即打电话给她，她会提醒我说，我答应过她，我应该遵守诺言，我真是太不懂事了，等等。

几年之后，像其他很多人一样，法比耶娜将会意识到承诺并非是她自己说出来的，而是她的对话对象强加于她的……

操纵者借助你的认知，其中包括你的原则，来让你服从他的需求。他会让你以为他在道德上与你有同等的坚持。然而，你会观察到，作为家庭里享受优待的成员，其实际行为与其宣扬的道理是相悖的。以下是第二件小事，在这件事中，操纵者以自我为中心的两种做派结合到了一起：为了让对话对象放松警惕，也为了在争论中获胜而做出的虚假承诺；同时还有其纯粹个人的想法——认为自己凌驾于规矩、法律之上（在他看来，规矩和法律是为小绵羊们制定的）。

法比耶娜与我们分享了这件事：

我母亲带着她的狗进入了博物馆。她被拦了下来，因为狗是禁止入内的。她因别人胆敢要求她遵守规章制度而愤怒。于是，她第一时间生起气来："说到底，这真是搞笑！我的狗能造成什么伤害？"门卫没有松口，礼貌地对她重复说："抱歉，但这是规定。"我提议把狗留在车上，她向我投来责怪的目光，就如同我背叛了她，且情节严重。她气得脸通红，坚定地说她不可能那样做，她宁愿不进博物馆！随后她用一种温柔的声音，配上灿烂的笑容又对门卫说道："这不是一只狗，你瞧瞧，它还那么小！"门卫被逗笑了。

"如果我把它抱在怀里，你会让我进去吗？我保证把它抱在怀里，它不会损坏任何东西的！"面对她的百般娇媚，门卫竟然让步了（这让我很惊讶）。于是我们进入了博物馆，门刚在我们身后关上，母亲就把狗放到了地上！我吃惊地说："可是你刚才答应了把它抱在怀里的！"她看着我，为我的天真而感到惊讶，她说："呵！我才不在乎呢！"于是，我寻思："是我不正常吗？"

他们入侵你的领地

大多数人都会留一把钥匙给家人、邻居或是朋友，原因很简单：这是一种安全措施，万一你丢了或者忘记了你的钥匙；再者，如若发生紧急情况而你又不在的时候，他们也可以帮忙。这一切自然发生。在不出问题的时候，钥匙是没什么用的。任何朋友、邻居或家庭成员都不会在没有缘由也未经许可的情况下潜入你的住宅。

如果你把钥匙交托给他们……

然而，如果你出于安全考虑将你的钥匙交托给了你的控制型母亲，你的领地将会变成她的！就如同这是理所当然的……

丹妮丝曾有过糟糕的经历：

曾有一段时期，我和父母住在同一栋楼里，我留了一套我的钥匙给他们，以防我不小心把我的钥匙关在了屋里。但后来我发现，母亲会趁我不在家的时候过来，就如同她在自己家一般自在。她总能找到一些小借口来潜入我家，例如她没有体重秤，需要使用我的！此外，通过她的反应，我意识到她应该偷看了我的文件。鉴于此，我收回了留给他们的钥匙，这让她很生气。

玛丽昂同样也有过糟糕的体验：

夏天快结束时，我母亲和哥哥强行保留了我在雅典那套公寓的钥匙。按照他们的想法，他们是绝不可能把钥匙还给我的！理由是我住得远，他们会去帮我照料房子……我哥对他的孩子享有每周三次的探视权。他甚至没有征询我的许可，就在电话里通知我说，他要和孩子们到我那里住："既然你不在希腊，我就带孩子们去公寓住了。"我回答他说："哥，我很高兴能够提供帮助。我爱我的侄子侄女们，我希望能让他们高兴。"我想说明的是，在这之前，每周的三次探视时间，他都不得不带着两个分别为五岁和七岁的孩子在游乐场闲逛……但他却从来没对我表示过感谢。

除此之外，他和我母亲随心所欲地占用我的公寓，既不尊重我的选择，也不懂得低调行事。每次我回希腊休息一周，总会发现我的公寓完全变了样！家具被换过位置，装饰也被动过，我哥的拖鞋胡乱扔在客厅里，瓶子里装着一堆螺丝。总而言之，我已经认不出我的家了。我需要花两天时间来恢复原貌，方能够享受它的宁静以及朝向大海的美景。

擅入你的私生活

当女性操纵者干涉你的私生活时，其对你领地的入侵将会更加扰乱你的生活。

弗朗索瓦丝也曾将她的钥匙交托于她的控制型母亲：

当年，我母亲拿着一套我家的钥匙，因为她那时候负责在放学后接孩子们回来吃点心。当时，我把母亲某些奇怪的行为归因于她的大脑受到过脑血管疾病的损害，但从来没想过那是有意为之的。她就住在距离我们家步行几分钟的地方，于是她时常不敲门，就用她拿着的那套钥匙直接开门进我们家！她每次的即兴到访都会吓到我们，这让我丈夫很不舒服。在提醒了她几条基本规则之后（例如她早晨到访的时间，她不应该在我洗澡的时候来浴室找我而应该等着我洗完），事情或多或少恢复了秩序。

但是，有一件事在我们带上我妈一起度假的过程中持续发生，那时我已经结婚了：她经常不先敲门就进入我们的房间里，据她说，那是为了叫我们起床！由于那扇门锁不上，所以唯一的解决办法就是起得比她早……

和家人待在一起也不过是枉然，那不会让你心情更舒畅，而受到干扰的一方还得承受：这难道不是一种无视你的需求甚至你的存在的巧妙方式吗?

这就是德尼的经历：

我父亲过世前的那几年，每次我去看望他们，我父母都会悄无声息地在我洗澡的时候进入浴室，那时我已经成年了。我清楚地表达了我的抗议，但他们并不理会。我很惊讶，不理解他们为何要那样做。父亲死后，我母亲还试图继续这种行为。我算是勉强成功地竖起了屏障。至于我的卧房也是相同的情况：母亲会在我还躺在床上的时候进入我的房间，无论是早晨还是我睡时间较长的午觉的时候，那时我的年纪在 19 ~ 24 岁之间，患上了抑郁症。我当时把那理解为唤醒我的一种方式，是对我抑郁症的一种反抗。但我并不认可，因为那是一种被入侵了的体验。她做得甚至更过分：她带其他人进入我的房间，就好像我并没有躺在床上似的！她从不事先打招呼，也不向我做任何解释，不会提前叫我起床……这些她统统不做，就如同我根本不存在。来我房间修百叶窗的细木工匠感到尴尬极了。有一次，不知出于何种原因（就算问她也只能得到谎话），她带来了两个我几乎不认识的同村年轻姑娘，我就更尴尬了！后来，我尝试着拿一把椅子挡在门后卡住门把手，然而她还是进来了，对那把椅子视而不见！我和我伴侣最后一次在她那里住时，母亲不敲门就直接进入了我们的卧室，我们当时还在床上呢！

干预一个幼童的私生活是正常且必要的。由于 4 岁以下的儿童是没有能力独立照料自己的，因而成人应当为其拥有良好的健康而给予其必要的身体关怀。随着孩子逐渐独立，他的领地也逐步建立起来。刚开始进入青春期时，孩子会在卧房门上挂起一块小板，上面写下要求尊重其领地的指令（如“进入前先敲门！”“禁止入内”等），他经历并体验着所有秩序的深刻变革。他意识到有些领域是“不关”自己的父母什么事的。知心话留给了朋友（通常是女性朋友），或者写入了私人日记里。而在青春期里的孩子们通常既会对朋友倾诉，也会记私人日记，尤其是女孩们。正常家长会去适应这一切，因为他们知道这些行为并非指向他们或是反抗他们，而是构成了孩子步入成年的自然过渡阶段。而控制型母亲似乎是难以适应的。一方面，为了不给自己添麻烦，她所采取的行为就好像孩子已经完全独立了（除非涉及独生子女），但另一方面，她又想控制住孩子的内心世界。她渴望知道他们的所有秘密，以便拥有他们的灵魂（她对自己的伴侣也是这样做的）。除了提出一些入侵性太强以致青少年不愿回答的问题之外，她还毫不犹豫地偷听孩子的电话，要求必须在脸书或者其他社交网络上相互加“好友”，偷看孩子的信件（包括那些因为没有点退出而仍然能看到的电子邮件），甚至偷看孩子的私人日记！

萨布丽娜也发现了此种行径：

有一天，吃夜宵时，我母亲含沙射影地说起了一件事。除非她读过我的日记，否则她是不可能知道那件事的。我不记得相关主题是什么了，但应该是针对她的批评。我清楚地记得她的目光里满是责备，脸上是想要报复的神色或者说某种恶意的讽刺。后来，不管我如何努力藏起我的日记，她从来没有放弃过设法偷看它们。不管怎么说，我除了因为“背叛”我妈而感到内疚之外，也感到自己同样被背叛了。那是一种特别自相矛盾的感受！我感到自己没有任何办法来摆脱，没有任何隐私，那让当时的我十分焦虑。

青少年突然意识到自己受到了合理的干预，一想到母亲知道一切就变得焦虑不安。自己不断被观察、背叛从而变得透明的感受越来越令人难以忍受。孩子不愿屈从于此情况，于是开始隐瞒一些事，甚至是那些本没有必要隐瞒的事……他逃避、说谎、加密、设计策略等。他会采取一切能够保护自己隐私的措施，但不一定会表现得咄咄逼人。

20岁时，法比耶娜希望离开家。她父母在楼下还拥有另一套住宅，他们让她搬进去住。为了不影响到医学专业的学习，也为了避免支付房租，法比耶娜照做了。当你拥有一位控制型母亲的时候，这个决定绝对是个错误，然而法比耶娜当时并不知情……以自己是房主为由，法比耶娜的母亲趁她不在的时候进到房子里，打开她的信件，甚至是私人信件，查看她的银行账单。在法比耶娜发现之后，她指责了母亲的干预。这位母亲急忙笑着反驳道："噢！天呐！因为你有秘密啦？"面对女儿完全合理的反应，母亲却用嘲弄的讽刺来自我防御。接着，通过改变话题，母亲会继续发动猛烈的攻击。这一点在自恋型人格之人身上是很典型的，特别是当其无法逃避承认自己有错之时（承认错误是她拒绝做的事）。如此，母亲指责法比耶娜把公寓弄得又脏又乱，而那并非实情。母亲还牵扯上自己完全不知情的丈夫，补充说："此外，你爸都觉得你这里味道难闻！"有一天，法比耶娜爆发了出来，第二天就离开了这套公寓。后来的几年间，她母亲都不知道她的新地址……

我们可以想象法比耶娜记住了这一惨痛教训（那甚至损害到了她的学业）：再也不要让母亲插手她的事了。然而，多年之后，当法比耶娜已经成年并成长为一名医生之后，她又给了母亲第二次机会。真是失误……

我母亲住在距离我350公里的地方，但很长时间以来，她一直拿着我房子的钥匙。

她是如何得到它们的呢？她声称她全年拿着钥匙要比她每次来看我时，都要去我办公室（距离我的住处只需步行5分钟）找我拿钥匙方便得多……

她每一次来，都会变换我家具的摆放位置，强行摆出一些装饰品。她不问我是否喜欢就买来一些花盆套、植物，换上新的窗帘、沙发巾。她还买来盘子以及我们日常使用的一些东西——她的选择绝非偶然——只要她发现我有需要时便会抢在我去采购前先买回来，颇有取代我的意味。我用着那些难看的餐盘，出于尊重她而不敢丢弃，她可是如此好意地给我提供我需要的东西。她住到了我家，我的房子在某种程度上成了她的"属地"。她将她的选择、喜好、决定强加于我，最终我变成了住在“她家”。

当然，任何评论均会被恶意领会，被说成“滑稽”“不符合常理”。如果我决定做与她计划不相符的事情，便会引发过激的、费解的愤怒。所有明智、温和的人面对对方的任性，大概都会让步……

每次她走后，我又将我的房子恢复原样。但她下次再来时，一切又重新开始了，她什么也不说，也不考虑我的意见。

你家变成了他们家

得寸进尺！如果你邀请你的控制型母亲到家里小住几天，并在欢迎她时客气地说“就像在自己家一样”，我向你保证她一定不会尊重你家里的规矩。她会随意摆放她的书报杂志、鞋子、外套、电子设备充电器，例如，空插座上插满了她的手机或是电脑的充电器……而这一切均未征得过你的同意。

控制型母亲在几天之内就能入侵你的领地。她很快就开始批评你的家具陈设，提议把画框放到另一个位置，通知你到时间清洗客厅的所有窗帘了！你不会将此类介入行为视为合理的、好意的建议，而会倾向于朝相反的方向解读它们。这会成为她的一个好机会，向你宣告你还没有顾好一个家的能力，尽管你已经成年并且已经独立。这会惹你生气。若再加上一些额外的思考，你将会变得急躁易怒……当然，她不会理解你为何如此紧张而又易激动！

在部分案例中，情况还会恶化：控制型母亲住到你家的时间比预期要长！她自己造成的紧张气氛似乎并不会影响到她。为了证明她暂时无法回到自己家，她会援引一些你认为正当的原因。你的同理心以及你的善良使得你给予了其超出需求的慷慨。如果你是和伴侣一起生活，那你的无私是通过牺牲你自己以及你伴侣的幸福换来的。在那种情形之下，你的无私定会让你困窘，并带来坏心情。而你仅会得到口头上的感谢。还有可能发生最糟糕的情况：家里的气氛变得难以容忍，以至于你被迫离开自己家以求得一点喘息。这便是不幸的梅拉妮所遭遇的情况：

我开始在保加利亚工作之后，完全靠自己负担自己的生活。有一天，我母亲和她丈夫从俄罗斯回来了，打算彻底定居保加利亚。他们突然来到了我家！我住的房子只是一个大的单间，既当卧室又当书房。即使知道我患有哮喘，他们两人抽烟还是抽得很厉害。最终，一位独居的女同事提议我去跟她一起住。这真是拯救了我！

在此期间，我办理了离开保加利亚的手续，还成功地应聘到了布鲁塞尔的一个法语家庭去做家务以换取免费膳宿。

如何防止此类入侵？抢先一步！如若你已经识别出你的

母亲以何种方式包围了你的住所、扰乱了你的生活，那么一定要杜绝此类事件重演。有效方法的第一条就是——不要邀请她到你家！在不得不那么做的关头，例如家庭聚会或是其他事件的地点就在你家附近，那么带她到你家去转一圈，表现得就如同她从未踏足过你的寓所。在那个时候给出你严格的指令，是的，我说的是：严格。展现你的吹毛求疵、心理障碍、极度井井有条、表现出你恐惧肮脏的浴室和厕所，以及执着于整洁和明亮的空间。哪怕你完全不是这个样子，哪怕她对于你军队般的严格要求颇有微词，也不该动摇你。操纵者对于他人的看法会随情况而发生变化，因此，如果某一天她认为你一切从宽、邋遢无序且不成熟，而第二天她又觉得你强迫、严厉的话，这也没什么接受不了的了，不是吗？

你要告诉她海绵和清洁用品在哪里，告诉她如何将餐具放入洗碗机、如何开电视、如何使用其他有用的电器。一上来就让她看到你不会帮她去做一些琐事。超级自恋型母亲倾向于让人相信她从来没搞懂过如何使用那些机器，也不知道怎么做那些让她烦恼的事。这些借口使她总是让其他人替她去完成任务，而且她的要求很少是直接明了的。最常见的情况是，她会说一些装腔作势的句子："这个东西要怎么用啊？"你不想再做她的仆人，但不要明确地告诉她。因为你很可能会恨不得说明这一决定的理由，而这将会引发一场争吵。

总而言之，要想办法让她不喜欢去你家，因为你不再为她服务了。你将会发现，后来，她的安排发生了变化，特别是在有需要时，她会选择到你的兄弟姐妹或是她的朋友家居住。她不住酒店，那会给她造成过多的花费，而且那会让她独处！

至于钥匙，我建议你把它们交托给邻居或是信得过的朋友，但不要给她。如果迫于形势必须那样做，那么要求她必须事先告知你她何时来，并要求她敲门。就如同那是再自然不过的提醒（配合上适宜的语气）。

关于父亲肆意自由出入某一成年子女住宅的案例，我只得到一例。因此，与控制型母亲的情况相反，我不能将父亲的情况一概而论，除非出现相反的例证足够我下定论。

在关键时刻不予支持

具有自恋型人格的家长除了在物质上不给予子女帮助外，他们在精神上抑或情感上也不表现出支持。

你会观察到，面对家庭成员之外的人，操纵者的言语和行为中看得到同情、理解以及帮助，而这些是他自己的孩子并不享有的。正因如此，外部人员难以察觉出自恋型变态人格之人深层次的过失及其真实个性。他是一个两面派，采取何种行为方式取决于能够收获什么利益，取决于对方能够赋予自己何种积极的社交形象。

弗朗索瓦丝记得在自己怀孕的过程中就不曾得到过来自父母的支持：

在我第一次宣布我怀孕了的几周之后，我父母通知我，他们要彻底定居到葡萄牙去了。我恐惧怀孕的几个月，也恐惧分娩。我曾想象着在这种情况下会自然而然地与母亲亲近起来。当我试图搞懂究竟发生了什么时，我得到的回复是："我们现在要开始享受生活了！"甚至还有："我可不是为了养育孙子、孙女而存在的，我已经把你们养大了。每个人有自己该遭的罪！"我一直难以理解怎么会有外公外婆不为自己的外孙而骄傲，不因能够跟他们共度一些时光而感到高兴。这件事造成了令我印象最深刻的痛苦裂痕之一。后来，我父母在我两个儿子出生时都过来了，他们试图维护与我的孩子之间的联系，于是每年夏天都会把他们接过去两到三周。但在我内心深处，我依旧无法理解那段日子里我体验到的第二次抛弃。

当利纳和伊万寻求支持时，同样也遭到了拒绝。在那之前四个月，利纳生下了宝宝，随后患上了三种严重的产后疾病，当时最为需要支持：

由于我公公婆婆有一周假期，伊万提议让他们来我们家，可以和宝宝还有他待一待。这样的话，我父母也能够稍微休息休息（尤其是在夜里）。至于我嘛，我尚处在康复期。不出所料，他遭到了拒绝。他父亲想要拥有“真正的假期”，而他们一如既往地要求：应该是他们的儿子在周末时带着宝宝去他们家，否则“宝宝（还不到四个月大）以后就不认识他们家了”！我当时的思想状态如下：可能还没看到宝宝长大我就会死去，在这种情况下，我丈夫将要独自带着一个有待养育的孩子，况且他还没有就业。我当时已经无法再承受新的压力了，公公婆婆的拒绝让我很恼怒。他们的儿子又不向他们要钱，仅仅是寻求情感上的支持，可甚至连这点也得不到！

缺乏保护

同样地，在保护自己的子女不受其他变态成年人（包括性变态）的侵害方面，超级自恋型家长也极少能够达到孩子们的期待……

由于不能接受、承认孩子们遭受的折磨和身体上的痛苦，自恋型家长除了简单地将过错推到受害者身上之外（例如：“肯定你是自找的，不是吗？”），他们最常见的做法是予以否认。

弗朗索瓦丝继续说：

当我发现即使周围有人已经提醒我母亲警惕，可她仍旧未曾试图刺破真相，也未曾努力保护我摆脱所遭受的抚摸时，那些有关呵护的诺言便土崩瓦解了。她从过去到现在一直都在否认当时还是小女孩的我（四五岁时）所遭受的折磨。

我们频频遇到控制型母亲全盘否认孩子遭受过乱伦、性侵或是强奸伤害的案例。不幸事件已经过去，失去了时效性。控制型母亲这一否认事实的行为，是否可以在她给自己定位的无懈可击的个人形象中找到解释？是否因为她无法接受自己曾是一个没有保护好孩子的母亲？那么为了避免因此自责，她就索性否认这一事实曾经存在过？这是非常可能的。正如以下来自艾丽斯的思考：

我有两个妹妹：一个比我小 8 岁，另一个比我小 15 岁。大妹妹在 17 岁时承认，我们的爷爷曾在整整几年间对她实施过性行为。而小妹妹亦挖开了其深埋着的记忆，回想起这样的事也曾发生在她身上！对于此，我直到自己离婚时才知情，那已是多年之后了。没有人为此采取过补救措施，既没有诉诸法律，也没有带妹妹们咨询心理医生。啊，不对！妈妈自己倒是去看过心理医生，只看过唯一一次，为了摆脱负罪感！

我忍不住去想，一位母亲若是关心孩子，不那么自恋，她本应该能够发现这一情况。更何况两个妹妹都曾先后做过她两年的学生。如今，作为高中老师，我非常注意聆听遭受折磨的孩子们的诉说，从而揭发了大量的悲剧。我努力帮助他们，尤其帮助那些有毒害性父母的孩子们……

基于上述推测，我们还可以补充一点：由于不成熟，自恋型家长没有能力面对生活中真正严重的问题。

此外，尽管较为罕见，但深度变态的母亲即便发现了家庭里或是周围的人当中，有男性对自己的女儿实施了性侵，她也仍旧能够视而不见，就好像这能让她兴奋。

我们还收集到这类母亲当中更为明目张胆的案例，她们等待着对待孩子暴力且不懂宽容的丈夫回来，以便对孩子进行身体上的惩罚！我们可以猜想到，孩子会受到双手、腰带、棍棒、手杖或是鸡毛掸子的暴打。而这名女性，则避免了自己出手打孩子！

然而，我同时也观察到，独生子女的控制型母亲介入的方式会有所不同。依据掌握的案例，我察觉出，与上述情形相反，她们更多时候选择了过度保护。我倾向于把这视为企图占有和控制的借口。换言之，子女越是脆弱、受伤或是病恹恹，这位母亲就越能够随处出现，“掌控局面”且欣喜地自认为是唯一一个能够理解、支持及帮助她那可怜的宝贝的人，哪怕这位“宝贝”已经成年甚至已经有了伴侣！

她本不想要孩子的

“孩子会改变你的生活！”如果这对于大多数家长来说是真理，那么对于控制型家长而言，绝非如此。没有什么能够改变他们！反而是他们的子女要被迫勉强地适应这一奇怪的人格。

控制型母亲将自己的母亲身份作为一种谋利手段加以利用（且不算上她积累一切机会让人同情自己，让她从今以后见谁都可以说自己“疲惫”)。生养孩子这件事（一个孩子就远远足够了）一来就将她按社会准则列入正常人的队伍。当然，对于我们地球上的数十亿女性来说，这样划分是有效的，但在我们所关心的这些情况中，做一位良母是不在控制型母亲的计划之中的……给孩子生命，可以。随后将孩子放在首要地位，满怀情感地关怀、照顾他们就变得有难度，甚至很罕见了。

马蒂娜写道：

要是我那思想仍如小女孩一般的母亲把我和妹妹当作小猫，而不当作金鱼养大就好了！那样她就会宠爱、亲吻、抚摸她的小猫咪，她会学着如何把我们打扮得漂漂亮亮的。但完全不是那么回事。在我们这个鱼缸里，母亲远远地看着我们，从不碰我们，也不教我们生活中的点点滴滴。她认为这个池子对于我们来说已经足够了，外面才会发生危险。她认为很多事物都是多余的，觉得她的朋友们比家庭有趣。我们的爱人和孩子只能激起她有限的兴趣。我想补充说明，我母亲跟我在一起时并不自在，但她和朋友在一起时却总是很惬意。我几乎可以确定她后悔结了婚，而且她当时并非真心想要孩子。连我的儿子们也感受到了这种别扭。她大概是处在一种虚伪的生活状态当中吧。

我并不是说连偶尔真正热情的时刻都没有，而是长期来看，母爱并未相随……

超级自恋型女性会像其他大部分女性一样生育孩子。但在怀孕期间或者孩子出生的那个时刻，她并没有意识到母亲的任务有多么艰巨。随后她领会到：一方面，孩子威胁到了她的自由；另一方面，孩子仅仅是在场，就足以夺走她被高高捧起的特权。至于最后这一点，她会很快抢回来！

在此情况下，该人格带来的不成熟特征也更为显著。她会设法让别人相信她比任何人都更加需要支持和帮助。她不仅能让丈夫变成孩子们的“母亲”，还能让他也变成自己的。涉及新晋母亲的责任这一概念，她所发表的言论与能够观察到的事实并不相符。如果她提出孩子的出生（已经）改变了她，那是假的。如果她主张她对孩子的幸福负有责任，那是假的。或许，在她所接受的教育中，那是真的（拥有教养良好的孩子对于她来说是加分项）。但在她个人的幸福以及发展中，绝不是那么回事。孩子威胁到了她的完整性，而且这个问题将持续其整个一生。

安妮自打出生起就承受着这一情况：

我在童年时期，可以说从八个月起，便很是奔波：我频繁地往返于巴黎和布鲁塞尔之间，大部分时间里，我和我的祖父母一起生活。我父亲是民航飞行员，我通常在被托付给一位空姐后，“独自”完成旅途。我让我母亲太过操劳了，我该对她的不幸和不适负责。

我一直在努力扛着，从我所拥有的资源中吸取能量以便面对这一局面。我很早就明白了我的家庭不正常。在六岁自杀未遂后（我吞下了药柜里的所有药），鉴于我的行为带来的后果（失败、大人的冷漠以及一天的频频呕吐），我思量着自杀并不是一个好选择。我最好能找出幸存下去的办法……

我埋葬了我有一个母亲的“幻想”。我是她的出气筒，她还常常刻意做出有损于我的事。

我的父母都已经死了。我父亲被枪杀（他也是操纵者），而我母亲死于肺癌。按照她的说法，那显然是我的责任！

面对一个只想要好好生活的孩子，病态型母亲并不会像上述案例中那般展现出极端的慌乱。如果孩子表现出依赖她的爱，且持续努力讨她欢喜，那么她最终会倾向于这个孩子，会为孩子眼中的自己而万分欣喜。确实，具有自恋型人格的母亲只有在如下情况中才会依恋自己的孩子（所以，也仅在此情况下才会认为自己爱他）——孩子先表现出对她的爱。

你先爱我！

以下是控制型母亲的另一个特征，却不是最微不足道的一个：她只在别人爱她的情况下才爱别人！对她自己的孩子也不例外。

子女要是不能滋养或是继续滋养她的自我，无论这个孩子有多大年纪，这位母亲都不再对他感兴趣了。我们可以说，她的爱、她充满关怀的眷恋并非与生俱来的。她身上似乎从未爆发过母性的本能。然而，她不断地逢人便说（甚至直接对第一当事人说），她的孩子曾经是（现在还是）她生命中最重要的事。然而几十年来的事实却呈现出相反的一面。孩子们比起其社交形象、职业生涯、金钱、自由、劳累来说，要无足轻重得多……

她那过度膨胀的自我每天都需要由他人滋养（任何人都合适），或在他人在场的情况下得到滋养（同样的，无论是谁都行！）。操纵者最喜爱的养料之一便是赞美。对你的控制型母亲进行赞美（或者夸张地感谢她），你将会收获一个喘息的机会，她那些针对你的咄咄逼人的批评会在三五个小时之间暂时停息！当她的批评不再攻击你的时候，你将重新享受在旁观察的乐趣，听她不停地说她的现在或过去，且全是溢美之词。她无法阻止自己那样做，那几乎是强迫性的。这一极端自我欣赏（从谎言程度及频率上看）的现象会随着他人在场而愈加升温。显然，在场的人完全没有要求倾听她那些哀婉动人的故事……

有条件的爱

纯粹主义者会说“有条件的”爱是不作为爱存在的，我同意这一观点。要么爱，要么不爱。爱是感受到它的人自然产生的感情，甚至往往并未搞懂其中原因。所以爱不是有条件的。尽管有这些论述，我仍旧坚持，这一观念本身是十分矛盾的。我希望证明操纵者对你表现出的正面感情其实是模棱两可的。

在此作品中我所揭示的是，具有自恋型人格的母亲（或父亲），也就是说患有严重人格障碍的父母，是不会从根本上爱他们的孩子的。这很惊人，因为认为地球上的所有家长都爱自己的孩子、所有的父母在心里都会宽恕孩子，这才是令人愉快又安心的念头……但当家长是控制型家长时，事情就不会这样发生了。

克里斯蒂娜给我看了一封她的母亲写给她17岁的儿子——马克西米利安的信。马克西米利安患上了一种严重的疾病：囊肿性纤维化。在如此情形中，该事件颇具代表性：

“亲爱的外孙马克西米利安，

今天是1月14日，从1日起，若不是通过你妈妈、表哥、表姐，我完全不知道你的任何消息！

我们就住在同一座城市里，如果不是每周四的聚餐，你从来不来看我！

我由此推断你对我满不在乎，也无所谓我好不好！

我从15岁起就开始照顾我的弟弟妹妹，然后照顾我的孩子，再后来是你。我总是关心你们的幸福。

我给了你很多的爱，或许过多了，因为你妈妈决定让我退出你们的生活。

至于你，我感觉你已经不再爱我了。我得到的只有沉默，即便有评论，也仅限于更正。

这是你的选择！我不想反对，我尊重你选的路，同时也是为了不再强加给你任何东西，从此我不再给你提供周四的聚餐！

马克西米利安，我65岁了，在我的这一生中，我付出的足够多了，但换来的却寥寥无几！一通电话只花得了一分钟时间，别拿出你的作业或是伙伴作为借口。

我给予你的总是比给予你表兄弟的多，那是出于爱。但如今，我要停止了。我很痛苦，但我会适应的！

决定权在你手上。由你来说说我是否就该被你这样对待。

而我，我是爱你的。

外婆”

在这封信中，我们可以看到该人格的多个典型面：

● 胡言乱语，甚至就在他们的说法中你就能发现自相矛盾之处（“若不是通过你妈妈、表哥、表姐，我完全不知道你的任何消息”，也就是说有三个人告诉过她相关消息；“如果不是每周四的聚餐，你从来不来看我”，这清楚地说明外孙至少每周看她一次；“我给了你很多的爱，或许过多了，因为你妈妈决定让我退出你们的生活”，言下之意是一位十分和蔼可亲的外婆可能受到了孩子母亲的威胁和嫉妒，这是对这一拆散行为唯一可能的解释）；

● 挑衅的诠释（“你对我满不在乎”）；

● 关于各自所遇到的情况的严重程度，角色发生了颠倒（她说“也无所谓我好不好”，明明是她的外孙患上了囊肿性纤维化，但她却只字未提）；

● 自我中心主义；

● 自我赞赏（“我从15岁起就开始照顾我的弟弟妹妹，然后照顾我的孩子，再后来是你。我总是关心你们幸福”；“在我的这一生中，我付出的足够多了”）；

● 过度频繁重复与爱相关的话语（“我给予你的总是比给予你表兄弟的多，那是出于爱”；“我给了你很多的爱，或许过多了”）；

● 扮演受害者（“我是否就该被你这样对待”；“而我，我是爱你的”）；

● 实施惩罚手段（“我不再给你提供周四的聚餐！”）；

● 大体上，操纵者的所有子孙总有一天都将会发现那份爱确实是有条件的。在控制型父亲身上，你也将看到同样的方式。

此类人格病态的自我中心主义表现为一种不变的、迫切的需求，追求“自我陶醉”的感受，无论获得方式如何。这很可能是他们对自己的孩子缺乏爱与关注的原因。

卡罗琳非常真诚地写信给她不再见面的母亲：

“我们之间从未建立起真正的沟通。你所谓的‘沟通’可以概括为倾听你那些以自我为中心的长篇大论，你对很多人（大部分我都不认识）的看法以及你那些看似真实的知心话。你是否可以给我解释一下，对20岁的我（那段时期你总是扮演闺蜜的角色）倾吐这些心事有何益处：‘当我得知我怀上你弟弟之后，我设法让自己发了阑尾炎，我想通过这个办法让孩子流掉，但是没有行得通。可能就是因为这个，他小的时候总是生病。’我什么也没说。何况，这也不重要了，你把你的烦心事转嫁给我，你就满足了……

“你只会用你谎话连篇的扮演受害者的方法来为自己开脱。你从未像个成年人一样承认你不曾有过一丁点儿的母性本能……”

有时，具有自恋型人格的家长不会摆放出或几乎不摆放出某个孩子的任何照片。父母是为自己的子女感到羞愧，才极少提及他吗？我在我看来，他尽可能少提到的是那个超越了自己的孩子。所以，并非出于羞愧，而是出于羡慕、嫉妒还有一种暗中的恐惧，惧怕自己被与自己成年的孩子做对比（对自己不利）。那么，法比耶娜受到波及也不出所料：

我母亲很喜欢照片，她在家里摆出一些相框，里面是她孩子及孙子们的肖像……唯独没有我的！

此外，只有一张照片上有我的儿子，而其他孙子孙女则出现在好多张照片上。有一天，某张照片吸引了我的注意，它的尺寸不太正常，似乎被剪裁过。

当我问起她这个问题时，她回答说："啊，对！你本来在他旁边的，但是我把你剪掉了。"看到我吃惊的表情，她补充说："是的呀，那张照片把你拍难看了！再说了，这是你自己说的……"

在你疏远她之前，她会先疏远你！

出乎意料的是，那位表现得想要一直维护你们之间的关系的母亲会突然就排挤你了。

在那之前，她干预你的私生活，要求你的陪伴，且希望时常在你左右，包括在你休假期间。她侵占你的领地，指责你没有足够频繁地告知她你的近况，若是你不好好地回复她，那么她会开始赌气。她要求保持联系，即使这样的联系中存在着冲突，或是它建立在自私的基础之上。只要你做出安抚行为，这一针对你本人的猛烈的疏远和排斥便不会表达出来。

她的眷恋是有条件的，但她的疏远却是超级迅猛的！

这又是一种令人惊愕的行为。她是如何做到从根本上疏远自己的孩子的？如何突然就不再爱他们了？如果你明白，从你出生起（且往往是早在你出生之前起），她就从未有过真正的、深深的爱，那么一切就都说得通了！

尽管你满足了她所有的期待和要求，尽管你为了保护她，而闭口不言你观察到的疯狂、不拆穿她那些惊人的谎言，你牺牲你私人或家庭的时间来使她安心，等等，你还是将会遭到排斥，就好像你从未存在过！你可能会对我说，这真是到头了！这是一个教训。这也是我在本书中引入真实案例的原因之一。所有受害者的叙述互相吻合并共同证实了这一点：无论你做什么，无论你有着什么样的个性，无论你给予了控制型家长什么又为他们牺牲了什么，你都是无法为他的人格障碍带去任何改变的。

德尼最终也领悟到了这一点：

我母亲以前时常当着我的面说，她已经习惯于撇开她生活中所有不愉快的时期了，此外还有那些让她失望的人。我想到自从我不再跟她说话之后，她便是这样疏远我的。曾有那么一段时间，那甚至是我所希望的事。现如今，我对她是否疏远我已经很无所谓了。

同样的，我们前面读到的那个外孙马克西米利安也针锋相对地回复了她的外婆（写信指责他的那一位）。从那以后，他和他妈妈就不再收到来自外婆的消息了……

如果你的态度、拒绝、底线不合你控制型母亲的心意，她很快就会通过某种方式惩罚你（既然你知道她是不会由衷去爱的，那么你就能理解这一点了）。她的所作所为就如同你跟她不是一个世界的一样。假设她曾经对你有过兴趣的话，那么无论如何，现在她对你都不再“感兴趣”了！……

作为本章的收尾，以下呈现的是一封信的部分段落。信是一位控制型母亲写给其女儿（已成年并有伴侣）的：

“于我而言，你一直都是一位女性朋友而不是我的女儿。所以我对你的眷恋与对我其他女性朋友的是一样的，没有更强烈或者更重要。并且很不幸，我已经不再喜欢你离开家后正在成长为的样子了。你没有给我的生活带来任何积极的东西。面对你，我甚至说不出口我爱你，因为我感觉不到这种感情。”

真是个颇能说明问题的例子……

如此这般书写下来的心里话是很难获得的。

控制型父亲的孩子们也并没有更好的运气。在与父亲的关系中，偶有眷恋存在，但并没有大写的爱……无条件母爱的缺失似乎比无条件父爱的缺失令子女痛苦的程度更深，痛苦的时间也更长。这似乎要归因于人们天生就认为，男性只给孩子提供有条件的爱，孩子需要向父亲展现某种特殊的价值，方能够被重视和被爱。

第七章

当父母尤为变态时……

Quand les parents sont particulièrement pervers

接下来的实例描述了父母一方，甚至双方升高了好几度的变态程度。此处涉及的家长拥有着惊人的创造力以及绝妙的想象力，他们通过不同寻常的方式，利用这些创造力及想象力来掌控他人，令对方受苦。获得服从是有变态人格的控制型家长的目标之一，手段包括以惩罚相恐吓等。如若你未曾经历过，以下事件会令你深受震撼；而如果你曾经经历过，震撼程度还将更甚……

艾丽斯和她的双胞胎妹妹都记得自从她们两岁半起的很多情景：

我们的父母让我们身处危险之中：自从上幼儿园起，我们总是独自步行去上学，那时我们只有两岁半！这个情况一直持续到幼儿园毕业。那一时期，我们还不需要过马路。但是，进入小学之后，我们需要步行五公里去上学，且需要穿过好几条马路。

爸妈曾经在晚上外出时，把只有四岁的我们独自留在家里！他们出门前对我们说，他们在地上撒了滑石粉，只要我们下过床他们就会知道。然后他们会痛打我们！

以下是一个令我们震惊的谎言：

我们在巴黎大区一直住到了八岁。在那一时期，我们曾很幸运地拥有过一个极好的奶妈，她可爱、慈祥且很尊重人。有一次，并且是唯一一次，她对母亲说我们那天不乖。母亲把这话转述给了我们的父亲……第二天，我们身上出现了如此多的瘀青，以至于奶妈对我们说："以后我什么都不说了，小宝贝们！"可是，我们的母亲明明很清楚把那些话转述给父亲会引发什么……我们突然离开了巴黎大区，搬到马赛居住。我们都没能够跟慈爱的奶妈和她的丈夫告别！后来，我们 18 岁了，当我们想要联系他们的时候，父母对我们说："他们搬家了，没有给我们留下新地址。"我和妹妹当时还为此很伤心。

等我到了 38 岁，接受过心理治疗之后，我想应该重新找到他们。当初，多亏了他们的爱，我们才能够走出来。因此，我返回最初住的地方。结果发现我们的奶妈和她丈夫一直在那里，他们从来没有搬过家！从那之后，我和奶妈经常见面，我感到很幸福。

我们的父母向来都对我们不感兴趣，也不关心与我们相关的事（学校、运动、学习成绩等）。

八岁搬到马赛后，由于我们不再有奶奶了，爸妈便把家里的钥匙给了我们。为了省钱，我们做家务，做饭、熨衣服，甚至常常走路去妈妈上班的地方找她。她当时总是把时间花在对我们讲述她的烦恼上，自然也不会问我们过得好不好。那真是一个颠倒的世界！

47 岁的艾丽斯已婚，有两个孩子。她如今是一名麻醉师。正如我们开始察觉出来的那样，她的父母不仅是控制型家长，还是虐待狂。这一变态人格隐藏在较高的社会地位以及良好的教养之下。在具有“变态型人格”的操纵者身上，这两种优秀特质是非常常见的。反过来说，在贫苦阶层里却很少发现这一类型的人格。因为操纵者是不甘平庸的，他渴望闪耀于精英阶层，且他的智力完全能够满足这一需求。

艾丽斯姐妹俩的父亲暴力、野蛮，是个施虐狂，但同时他还有着第二张迷人的面孔。他总是准备好为外人提供帮助，又能够说 15 种语言，算得上是个很聪明的人。他曾是建筑师，但在 30 岁时因暴力行为被公司解雇。从那之后，他就没再工作，且按照相应的医学标准让人把自己定义为抑郁症患者，以便获得残疾身份。他非常专制，全家人都怕他。艾丽斯那同样具有变态人格的母亲甚至鼓励丈夫打孩子。这位母亲负责电视节目制作，甚至做到了主任的职位！

很少有人能够想象到艾丽斯家里发生的一切。为了帮助读者将具有变态人格的控制型家长与传统的控制型家长进行区分，我继续把艾丽斯揭露的事件提供给大家：

从八岁起就开始自治的我们常常在父母不在家的时候没什么东西可吃：没有晚餐，没有生活费……

我们17岁就离开了家，并非每日都能够果腹。我们打工赚钱来为自己支付所有开销：学业，公寓……

我母亲的收入可观，却什么都不给我们；我们曾以为这是正常的！

现在，她声称要把她的积蓄全部花光，什么也不留给我们……

在健康方面，我们的父母完全不给我们应有的照料。有一次，我摔断了手，到了第七天才应学校要求去照了片子！这才终于有人给我治疗，给我打上了石膏。

至于圣诞假期，每年我们都乘船在海上度过，总是冻得不行。真是可怕的回忆！

从来没有人给我们庆祝过生日。

母亲拒绝我们祝她母亲节快乐。那让我们生气又失望。

17岁时，我宣布我们要离开了，因为我们再也受不了父亲的暴力了。母亲回击道："好极了！我可以收回你们的房间自己用了！"

我妹妹在20岁时被我叔叔强奸了。母亲没有做出任何行动来帮助她。她只要求我们闭嘴！

我在距离他们只有 30 公里的地方生孩子时，母亲甚至都没有过来看我。

在情感方面，一切听起来都是虚假的：她说她爱我们，但她没有任何行为是与她的言语相符的。

五岁时，我曾请求母亲离开我们疯狂的父亲，她回答说："当然不行，姑娘们。就是因为你们我才留下来的！"她还毫不迟疑地说："我对你们一直（好得）没话说。我没什么可自责的！"

至于我父亲，他完全否认他在日常生活中对我们施行的虐待：拳打、脚踢、扯头发……

当我妹妹终于说出她被我们的叔叔强奸了之后，整个家庭都背弃了我们，而我们的母亲仍然继续否认事实。当时我们 38 岁了。十年来，我们与大家庭还有我们的父母都已没有任何联系。

我的心理治疗师把你的著作还有其他一些作者的著作推荐给了我。从那之后，一切都变得明晰起来。那宛如重生，我终于活过来了！如今，我享受生活中的每一秒。我的"嗅觉"变得很灵敏，可以立即辨识出某个人是不是操纵者。我相信我自己。

幸运的是，我拥有一个双胞胎妹妹。如果没有她，我想我可能已经疯了。两个人一起彻底告别家长会更容易一些。我认为这才是解决办法。永别了，有毒的家长！

具有此特征的操纵者也是重度变态患者。我把他们称为变态型操纵者。他们意外地成了父母。通过以上叙述以及很多其他人的讲述，可以明确的是，这对夫妻无论如何都不希望被多余的孩子打扰了他们正常运转的生活，要我说，甚至是不正常运转的生活。

这些变态型人格之人陷入了自恋的深渊，致使他们不允许其他人也拥有对自己的（正常范围内的）迷恋，以至于他们甚至视自己的子女为对手。他们似乎并不会为自己对他人做出的坏事、造成的肉体疼痛或引发的精神折磨而备受煎熬或感到内疚。当双胞胎姐妹的母亲说她没什么可自责的、说自己是一位完美母亲的时候，她确实是那样想的。她无法想象自己是一位坏母亲。她不愿意承认自己的邪恶人格，尤其不愿对自己承认。在这种情况下，是难以说服他们接受治疗的。

传统的控制型家长可能意识不到自己做出的坏事，而具有变态型人格的家长完全清楚自己在说什么、做什么。即使你觉得一切已经疯狂得不可思议了，但他并没有被鬼神附身，也没患上谵妄症。他们咄咄逼人的行为重新赋予了他们权利，这才是关键。问题在于，他们每天都重来一遍！首先受到波及的就是他们的伴侣和孩子。其朋友圈或是职场圈里的人有可能几十年间都未能够意识到这一特殊性。这并不意味着没有人能够意识到这个人好操纵的一面。而我在此指的是其变态、施虐狂的一面。这一群人有着正常的智力，能够进行深入的学习，取得备受认可的学位，然后谋得一个负责人的职位。从自恋的层面上说，他们的优先需求是——被认可为杰出之人。

正如对于传统操纵者一样——他们的社交形象占据了首要地位！

只要家庭以外的所有人都认为他们了不起，那么是否粗暴对待自己的孩子，是否让孩子受伤就一点儿也不重要了。

然而，这样的人是极度危险的。不仅他们原本身心健康的伴侣，还有他们的孩子都会在这种阴郁的氛围中日渐衰弱，甚至有可能自杀。

确实，他们分泌出毒液，完全控制住亲人的精神力量。这是所有自恋型人格之人都会做出的行为，但变态型操纵者还会逐渐附加上身体及性暴力。而当攻击对象是自己的孩子时，甚至不存在循序渐进的过程。对作为一个个体存在的孩子既有占有，又有否认，且强迫孩子过早地自治，似乎孩子应当“尽早了解生活中的事”。

在具有变态型人格的人群中，男性约占90%。具有变态人格的一男一女有可能结婚。在此情况下，孩子实在是太多余了！上文中引用到的艾丽斯姐妹的父母的例子正属于这种情况。

然而，变态型人格还有一个方面始终是外界看不见的秘密：对于性的沉迷。

“官方的”配偶要么承受相应后果（极少发生在征服阶段），要么反之，变态型人格之人打着性欲冷淡症的旗号，仅仅几个月后就不再与伴侣有肉体上的接触！在第二种情况下，她很难相信他沉迷于性。然而，性冲动占据了这个男人，他通过婚外情、与性工作者的固定性关系或是参与专门网站上的活动来发泄性欲。那变成了一种日常需求。在这一方面，他想象着自己是一个无双的引导者。这或许是真的，因为他的想象力和创造力是如此的不同寻常。此外，往往还涉及施虐—受虐癖、窥淫癖以及裸露癖。其性幻想十分怪诞，仅一个性对象是不足以满足其需求的。因此，他会坚持要求三人一起做爱，或者经常出入换妻俱乐部。但要注意，切勿认为无论男女，只要拥有着强大的想象力或是新颖的性幻想的都是变态型人格。他应当表现出操纵者 30 种特征清单上的至少 27 种。而且，道德及精神上的变态还伴随着摧毁他人自我认知的意图。自恋型人格还需附加上其他标准才能定义为变态型人格。我在此只讲述这些标准中的一部分，以便你们能够更清楚地了解变态型人格的精神状态及运行机制，无论他们有没有孩子。

他们对于他人的同理心完全是假装出来的，而对于性的沉迷会引导他们投身某些领域的职业，例如妇科、性学、外科。在这些工作岗位上，他们拥有着正当的权力去处置他人，尤其当大家都信任他们的无私时。外科医生甚至有权去修补上帝没能够保存好的部分！请注意，并非所有的外科医生或妇科医生都是具有变态型人格的操纵者。但可以肯定的是，对于后者而言，这些职业是非常具有吸引力的，因为工作性质提供了很多实际操作的机会。

变态型人格之人不会去区分两代人之间的界限。也就是说，除了孩子应当尽早了解生活中的事这一原则之外，他们还认为孩子应当较早地进入成人的世界里。且这该由成人为其引路。鉴于他们对于性的沉迷，以及他们要成为这一方面的引导者的信念，你很容易想象到乱伦正在临近。这并非是必然的，但危险确实存在。请注意，这并非传统操纵者的情况：传统操纵者是不打孩子的，也没有任何对孩子进行性侵的倾向。

此外，切勿理解为所有的恋童癖患者都一定既是操纵者，又具有变态型人格。关于恋童癖，还存在着其他的推测以及原因。

综上所述，变态型人格之人的孩子们不仅为一点儿鸡毛蒜皮的小事就会被打，而且还处于受到性侵的隐患之中。当父母离婚，尤其是由身心健康的母亲提出离婚时，时常会发生的情况是：孩子们终于能够说出他们的秘密了——他们曾经是，或当时仍是猥亵甚至强奸的受害者。孩子们在觉得自己终于处于保护中时，才敢于坦言真相。然而，身陷离婚程序的变态父亲会激烈地宣称这完全是孩子的母亲为了报复他而捏造出来的。那么，应由法官（如果涉及诉讼，可能已由警方出面调查）来识破该父亲的精神状态是否可对应到变态型人格。如果不是，那么疑团便可解除。不便之处在于，由于羞怯，这位男性的妻子不会揭露他们私生活中的所有事实，尽管她是最了解他的人。

具有变态型人格的人会把自己视为上帝，至少仅次于上帝。他认为生活中的规则以及法律并不适用于自己。于是他无视它们。无论什么事，他撒谎的可能性很大，且能够厚颜无耻地反驳一个在所有人看来显而易见的事实。他的孩子们对于这般违背真相的行径，会保留着尤为深刻的印象。

再者，哪怕当着孩子的面，变态型人格之人也会毫不犹豫地使用露骨、粗俗、与人体和性相关的词汇！他钟爱那些对女性的侮辱，例如“骚货”“婊子”“贱人”，同时还有那些暗指肉体的表达：“大肥婆”“扭你的大屁股”等。具有变态型人格的女性操纵者同样也针对女性，她把所有女性视为潜在的性对手。但此外，她也轻易地侮辱男性的生殖力，尤其针对其丈夫。她的口中能够说出一些极为粗鲁的话，例如：“龌龊的基佬！”“臭阳痿的，滚！”“让妓女给你舔下身去吧！”等等。而所有这些，都可能会当着孩子的面！

无论是具有变态型人格的女性还是男性，对女性的厌恶都达到了极致。如果有个儿子略微有些像自己，至少样貌上相似，那么具有变态型人格的离异男性就将力图按照自己的形象来“塑造”他的儿子。他会教他憎恨女性，尤其是他的母亲。不幸的是，为数众多的男孩从九岁起便会无意识地想要讨好他们的父亲，于是便落入了这一圈套之中。面对自己的母亲，他们变得咄咄逼人，不再服从她。他们嘲弄她，如鹦鹉学舌般重复她的话；他们忽视她，让她认为她让他们恶心；他们回答她的话时态度恶劣，用变态患者的话语侮辱她，等等。

有时，在孩子和那位健全的家长之间实施精神离间的做法甚至发生在全家人仍生活在同一屋檐下的时候。

在倾听多位健全家长倾吐隐情的过程中，我注意到变态型操纵者的自身卫生是很成问题的（他们不清洗生殖器，尤其不正确地清洗肛门），他们任凭马桶上留有粪便的痕迹。他们往往还患有强迫症，尤其表现在整理和清洁厨房、搁物架方面，还有对于关闭情况的检查方面（门、燃气、百叶窗、车辆等）。他们迷恋死亡，因为他们认为自己凌驾于生活规则之上，包括那些自然法则。哪怕妻子和孩子在车上，他们在开车时也敢轻率地冒险（行驶得过快，转弯时超速，擦着路肩过等）。通常，他们的驾驶技术都不好。另一件值得注意的事是，他们当中一定数量的人似乎讨厌猫！或许因为猫是完全独立的，从不任人摆布。在不被看见的情况下，他们会毫不犹豫地用脚踢它，就像辱骂女性那般地辱骂它。有时候，家人休假回来，发现猫消失了，却没搞懂究竟是为何……

我希望通过另一起案例来详述一下具有变态型人格的母亲会对孩子做些什么，因为（通常）母亲不会有性侵行为，但这反而应当引起我们去警惕其他方面。阿斯特丽记得：

我人生中第一次没在家里过夜发生在我 21 岁的时候。不久后我又再次在外住宿时，母亲对我说不能容忍邻居或朋友可能会说他们看到我早晨才归家。此外，还因为我当时频繁地和某人往来，她说为了避免那些“别人可能会说的闲言碎语”，她宁愿我离开家去和他住。然而，当时正值寒冬，她并不认识那个男孩也绝不知道我将要睡在哪里。其实我也不知道，因为他当时没有固定居所。她让我承诺不会对任何人说起是她让我出去住的，这样每个人都会认为是我自己出走的。

在我和我弟弟妹妹还小的时候，她经常玩那么一出：她和我们一起躺在她的床上，然后突然对我们说“我要死了”，随后就一动不动，仿佛她真的死了！我的弟弟和妹妹叫喊着、哭泣着，而我作为老大则吞下我的眼泪，（片刻之后）想到去挠她痒痒，尽管一想到这样的身体接触，我便恐惧起来……

我父亲去世的那天（我当时21岁），她对我说是我杀死父亲的（但她没说为什么）；父亲下葬那天她又对我重复说了这话。

同一天，她还对我和弟弟、妹妹说，从今以后，她的命运就“在我们手上了”。我们当时的年纪分别是21岁、20岁和18岁。

那一天，葬礼过程中我没有哭，但我躲到了我的房间里哭泣。母亲进入到我的房间，命令我说：“别再演戏了，去给宾客做咖啡。”

以下是当她发病时还有在其他情况下，她所使用过的表达。说这些话时，要么是我们单独相处，要么是在小群体中间（在外人看来，我们是一个模范家庭)：

“我撕裂我的阴道来对你们说……来对你们重复……”

“我把屎拉到你们嘴里……”

再后来，她在并不特别处在发作期的时候也会说：“他的嘴巴在吐屎”以及“他在用屁股说话”。

当我终于成功地让她给我讲讲她的童年，告诉我她的爸妈有没有打过她的时候，她眼里满是怨恨地回答我说：“只有你会有这种报复性的想法！”

当时我们还不满 10 岁，她当着我们的面威胁我父亲，说要带着我们一起去跳塞纳河！

当我还年轻的时候，我问她在“别人会怎么想”和她的孩子的幸福之间，什么更重要。她回答我说：“别人会怎么想。”然后接着说：“在考虑好别人会怎么想之后，我们总是可以努力学习做个幸福的人。”

针对这位母亲，我们可以辨识出以下态度：

- 她对自己女儿的命运无动于衷；
- 她明确地排斥自己的女儿，但却不希望公众发现这一点。这意味着她很清楚她的所作所为会招来他人的负面评价；
- 打着玩闹和幽默的幌子，她引发强烈的负面情绪，且对于可能给孩子造成的心理影响漠不关心。如果不是出于冷漠，那就是将他人置于如此的慌乱之中，能够让她倍感刺激！此外，这个极品游戏体现出一种检验子女对自己的眷恋和爱的变态自恋方式；

● 她指责只有21岁的女儿对父亲的死负有责任。这让她的名誉不受影响，不被指责对丈夫的健康状况有某种影响。变态型人格能够既不动刀也不动枪，却置人于死地；

● 她颠倒了角色，在孩子们的父亲死后，逃避保护和抚养子女的义务。朝夕之间，她就从孩子气的女人摇身一变，成了女人气的孩子；

● 面对为父亲而哭泣的女儿，她毫无同理心。她把自己的想法强加于女儿，断言说她在"演戏"；

● 家门一旦关上，外面的人猜不到里面发生着什么。她树立的良母这一社交形象必须得到保护；

● 她破口大骂，说出一些涉及粪便和与性相关的变态言语；

● 她毫不犹豫地把自己的（报复）意图说成是女儿的；

● 她当着孩子的面以自杀相威胁，更糟的是要带着他们一起坠入她的深渊；

● 她无所顾忌地说比起子女的幸福，她更爱自己的社交形象。

在让·贝热雷（Jean Bergeret）一部名为《正常人格与病态人格》（*La personnaliténormale et pathologique*）[1]的作品中，提到了艾（Ey）、贝尔纳（Bernard）和布里塞（Brisset）1967年的一项

1 让·贝热雷（Jean Bergeret），《正常人格与病态人格》（*La personnaliténormale et pathologique*），第三版，Dunod出版社，1996年出版，第282页。

研究。这三位提出了对“变态冲动”的描述，而在让·贝热雷看来，这一描述十分契合我们所说的“变态”型人格。它包括了如下行为及特征：“咄咄逼人给人以压力、冲动、怨恨、不满、易怒、不守纪律、缺乏情动性、适应力差、漠视道德、倔强、顽固、漠视爱与眷恋、不懂尊重、对个人及他人的痛苦无动于衷、阴险、报复心强、暴力、反叛、背信弃义、背叛、厚颜无耻、虚伪……如此这般陈述其行为及特征的清单似乎没有穷尽，且均与我们在‘变态’型人格这一类别中遇到的临床案例相一致。”

我完全认同这一描述，它很好地总结了患者的复杂性与病态性。你会发现传统操纵者的临床症状观察表上记录的内容并不会如此凶恶。

既然我们已经谈论了控制型家长（外加变态）能够对其子女实施的最糟糕的控制是怎么样的，那么现在该轮到探讨“最好”的情况了。即受害者在多年的磨难和不幸之后，能够挣脱出来并重建自己的可能性。在下一章当中，我不仅会讲述家长的控制给（未成年或成年的）孩子的生活造成的严重后果及留下的后遗症，也会谈及可预见的出口和可实现的解决途径，以便帮助受害者们摆脱这样的毒害关系，重新掌控自己的生活。

第八章

能够走出来吗？

Peut-on s’en sortir ?

在陈述了控制型家长的诸多方面之后，现在让我们将镜子转向子女的那一侧。他们要么在日常生活中忍受着这样的家长；要么由于已经独立，只是断断续续地遭受操控。无论孩子到了多大年纪，控制型家长对待他们时始终都缺乏真正的尊重，且持续过度侵占他们可能拥有的空闲时间。由具有自恋型人格的家长抚养长大，绝不是无足轻重的小事，一定会产生相应后果。但是所幸，通往解脱、安宁甚至未来幸福的途径是存在的！

严重的后果

我头两部关于操纵者的作品[1]探讨了他们的特征以及他们给别人造成的后果。研究不受性别限制，先是在生活中的各方各面展开，随后特别探讨了夫妻关系中的情况。

现在，让我们来总结一下曾经与具有此类人格的人共同生活或共事过的受害者所承受的后果：

- 受害者反复思索与操纵者之间有过的交流；
- 受害者总是谈论这个搅乱其生活的人；
- 受害者变得焦虑（或比从前易焦虑得多）；
- 受害者出现睡眠障碍；
- 受害者遭受精神与身体两方面的不良反应，其中部分反应演变为慢性的；
- 受害者丧失自信，于是不再凭直觉行事；
- 受害者怀疑自己的感知，不信任自己的观点；
- 受害者不再自由抒发自己的情感（或更少自我表达）；
- 受害者放弃设置底线，或放弃拒绝；
- 受害者在经过最初的抵抗之后，最终在操纵者的坚持面前选择退让；
- 受害者做出的决定不再合理；

1 《我为什么要听你的》（*Les manipulateurs sont parmi nous*）以及《操纵者与爱》（*Les manipulateurs et l'amour*），*Éditions de l'Homme* 出版社出版。

- 受害者感到自己孤立无援；
- 受害者在讨论过程中以及在一天结束时，会流失大量的能量；
- 受害者难以集中精神，且难以出色地表现出其本来具有的潜能；
- 受害者对他人隐瞒令自己痛苦或羞愧的事实；
- 受害者为所发生的情况而自责，认为自己可以独自重建平衡；
- 受害者一直希望一切能够回归正常，但甚至在自己没有意识到的情况下已陷入抑郁；
- 受害者可能会产生“杀人的欲望”，或更确切地说，幻想着操纵者突然从地球上消失（往往是发生事故）；
- 受害者可能会被自杀的念头纠缠；
- 受害者可能会自杀。

然而，如果你是由具有自恋型人格的家长抚养长大，你在心理、行为和身体（疾病）上的变化并没有那么显而易见。痛苦是无声的。隐性的操控“催眠了”家庭成员，事实上每个人都在承受着上述后果中的一部分。因此，我希望在此补充与家庭生活相关的后果。

对年少孩子的影响

尽管这看起来不太可能，但由控制型家长抚养长大的孩子其实能够很早就开始信任自己的感知。他自然地以自己确确实实的所见所闻为依据，记忆中不含歪曲的成分，于是能够中立地再现所有信息。这个孩子完全看不到这样去做的危险。再说，这一能力也并非他自己的选择。如果他想要以只对事不对人的方式去对质超级自恋型家长不合逻辑的言语和行径，以求还原事件真相，那么雷将击到他身上！具有此人格的家长不能容忍无论谁的任何批评，更不用说还是这个只有三个苹果那么高的小人，这个他想要降服并控制的小人……

孩子会因此闭口不言吗？大多数时候是的。他会去适应，任凭家长去说那些自己不信任的事，并努力不表露出来。

有的孩子善写文章，寄情于诗歌，或把心事写进私人日记之中。例如安托万，他写出以下这首诗的时候只有 10 岁（诗是被他母亲发现的，我逐字搬了过来）：

国王

在如雪一般洁白的披风下

他把自己的眼睛想象成星星

他灵魂的光彩却甚是微弱

他的恶毒比他魁梧

挡住光亮照不到他
他思想所到之处，一叶障目
只懂毁灭的国王
或许也会慈眉善目
却无人识得他面目
表面上不可战胜，他或许是善的
但他的心或用石头铸就，如冥王般终了于地狱
在他眼里，世间一切均低等！
不过是位被伺候的帕夏[1]
怎能够面对心境澄澈的人
尽管他有力量、勇气
面对别人，也不过渺小至极
他和别人没什么不同，有的人这样以为
团结之人不可战胜

他的父亲是位操纵者，已经和他母亲离婚。还没有人告诉他这件事。可是，他已经感觉到了这个男人的阴险恶毒……

此外，相反的情况是，性格外向的孩子可能永远都无法下决心接受这样的异常，会继续对抗控制型家长。而接受不了丁点儿质疑的家长便开始讨厌这个孩子。这个孩子往往会

1 帕夏，敬语。是奥斯曼帝国行政系统里的高级官员，通常是总督、将军及高官。——译者注

成为兄弟姐妹中第一个离开家的人。这一情况同样发生在尚幼的年纪……

这个提早离家的孩子又会遭遇些什么？部分孩子恰如其分地吸取了学习自治的益处，且尽管缺失了这位家长的爱，仍旧满怀取得成功的决心来开始另一种生活。尽管这些刚满 18 岁的孩子生活艰辛，但我认为如果他们能获得来自另一位家长或某位亲近的家庭成员的情感支持，那么他们成功的可能性就更大。因为孩子知道自己是被爱着的，于是有力量来建设自己的新生活。

而有的孩子就未能如此顺利地脱身，无论是心理方面还是物质方面。反抗精神令他们行动起来，在未计划好下一步时便离开了家。他们四处漂泊，未得到其他家庭成员的支持。随之而来的动荡，外加他们情感上的不成熟，令他们经历了不堪的境遇。有的孩子沉沦于酒精或毒品之中，有的孩子靠精神类药物来“获取养分”（抗抑郁药、安定药等）。他们觉得自己一无是处、无能为力……他们迷失在抑郁深处，有的人选择了自杀（并且还可能未遂）。

尽管生活中有一位病态的自恋型家长，但孩子仍旧如大树般“笔直生长”，这也是有可能的。有多重因素成就了这一点：

- 另一位家长补偿般的存在（也可以是一位继父或者继母）；
- 有能够填补情感空缺的爷爷奶奶或叔叔婶婶的存在；
- 能有意识地调动批判精神（“理性”）；

- 信任自己的感知及判断；
- 基因因素：性情、体能、心理能量、有无精神疾病……
- 天性乐观，无论发生什么事都倾向于体会其中的幸福；
- 来自外部的智力及情感支持；
- 等等。

瓦莱丽给我写信的时候只有 15 岁。那时，她刚刚读完了《操纵者与爱》(*Les manipulateurs et l'amour*)。以下是她当时写来的话：

由于我爸妈离婚了，我每两个周末中有一个由我父亲看护。但是，45 岁的他跟他 18 岁的同居女友住在一套单间公寓里！他指责我不够经常过去，并说我母亲试图煽动我反对他。

第一，我母亲强迫我去他那里；我讨厌去他家。

第二，那边留给我呼吸的空间实在太小，我都睡不着。

第三，每次我去他家，他都很少在。我成天要么看书，要么看电视（真是快乐！）。

但凡周围有人在，他就开始抱怨不能够经常见到我，我伤了他的心，他不快乐、开始生病……可是一旦我去他家，啃，他就把我忘了！

我从很小的时候起就懂得保护自己不受他的操控……确切地说，也做不到真正的抵抗，但能不受其言语的影响。我一点儿也不在乎他对我说了什么，我总是保持沉默。他认为我的沉默是一种默许或别的什么，我也不清楚。总而言之，他一直以为我是站在他那边的。

但是后来，青春期来了，随之而来的还有著名的认同危机、自我肯定危机……后来有一天，我真是受够了。我当着他的面臭骂了他，这个过程持续了几个小时，我对他把一切照直说了出来。我所说的话大概是这样的：“我很清楚你希望一切都围着你转，我也一直在努力满足你的需求！别说我是个自私鬼，因为我之所以去你那里，都是为了你！我讨厌去你那里，你总是当我不存在，你都忘了我也是你的一部分了吧？别试图把错误推到妈妈身上了！我现在说的是你，只是你，你一点也不完美！你让别人认为你是一个有教养的、思虑周全的、多愁善感且善解人意的人，但你根本不是！你什么都不是，什么都不懂！你该努力认识到，你才不是你自己愿意相信的那个完美男人！我受够了去你家，并且每次你都是那套陈词滥调：说是我的错，说要归咎于妈妈！十几年来，我都知道你所说的一切都是谎言！我一直都清楚你从不坦白真相。从你嘴里说出来的只有恶毒或讥讽的语言。你无法独自生活，你不懂承担任何责任！我总是期待着你发生改变，我们曾想拉你一把帮你改变，可是我们错了，你是如此聪慧，你才是那个完美的人，是其他人没能够意识到你有多棒！如果你真有那么好，那你应该懂得质疑自己，懂得在表达的过程中不要使用言语或身体暴力！”因此，我得出的结论是，他是一位操纵者。

最终，在这次持续了几个小时的争吵之后，我没再见过我父亲，但他还会打电话到我母亲家。他打来匿名电话，纠缠我们，但当他看到无论他怎么做我们都不在乎了之后，他渐渐消停了。

你无法知道，能够对一个懂得我的感受的人、一个了解操纵者面具的人讲述自己的故事（至少是部分故事）有多么让我受益。好啦……这封信也没有什么太大的意义，但就是让我很舒心！

10年后瓦莱丽又再次给我写了信。我想要与你们分享事件的后续：

我最终拉长了去拜访他的间隔时间，不再告诉他我的消息，企图彻底疏远他。我换了电话号码，假装自己死了。

我知道对于很多人来说，这似乎很卑劣，但就这么一次，我考虑到了我自己。我当时年纪还小，无法对抗他，而且我当时可能也十分害怕。但我只有一个念头，疏远这位折磨人的、控制型的父亲，去拥抱我母亲和我继父给我提供的新家庭：一个我从未体验过的安稳而舒适的家。有时候，最简单的解决办法就是最好的：我希望他忘了我的存在，于是我做了一切能让自己被遗忘的事。

他间歇性地“着起火来”，这是我和妈妈用来定义他的暴力且一点就着的行为之词语：他来到我们家，在街上大叫，辱骂我们，敲打停在路旁的车，大半夜打电话给我们（他之前通过某种方式搞到了我们的固定电话）却一言不发……有那么几个月的时间，一切平息了下来，随后他又重新开始了。

在几年时间里，我任凭时间和静默去发挥它们的作用。除了几通我认定是他打的匿名电话之外，我没再得到他的消息。

也曾发生过一些新情况，因为他的行为从未跳出过操纵者的套路：他曾同时脚踏几条船，不惜让自己处于被“轮流监护”的状态！每两周中，他一周去其中一个女伴家，下一周又去另一个家。他成功地让一些女性接受了这一状态，有时，这其中不乏很聪明的女性，但完全被这个招摇撞骗的人给迷倒了。

我不想再见到他。他消失在我周围之后，我感觉好多了。我终于觉得自己变得喜悦了。

然而，他还是给我留下了不容置疑的心理创伤。我警惕任何形式的眷恋，在我眼里，所有男性都可疑，因为他很有可能是操纵者。我花了几年时间，才终于能够信任某个人。

但是我非常高兴自己走出来了。有人经常觉得想要摆脱这一类人，但为时已晚——他伤我们已经伤得太深了。这错误之至。走出来从来都不晚。每过去一年，我都比上一年呼吸得更畅快了。

当一个孩子做出牺牲时

自恋型人格之人最主要的受害者就是配偶和孩子（们）。就如我们在之前某一章中提到的那样，部分年少的孩子在无法想象那是一种病态的情况下，已经发现了他们家长的言语和行为当中荒谬、疯狂和不正常的一面。然而，他们有时显得比另一位家长反应更迅捷，尽管这位家长可是在日常生活中经受着怒斥和压迫的人。正因此，有的孩子在15岁之前便要求父母离婚。如若父母分开，他们不愿意住到病态家长的家里去。或更确切地说，不愿意只是最常见的情况！因为，存在着牺牲自我的孩子。

牺牲自我的孩子通常是那些缺乏意识及辨别力的孩子（显然，在孩童时代这是很常见的），而且往往是相对其他兄弟姐妹更受优待的那个（他们受到了更多来自控制型家长的正面关怀）；最终，他们会觉得一切都是自己的错。通常，他们会觉得自己是唯一对家长负有责任的人！为了不让家长孤独，他们宁愿与无害的兄弟姐妹分离，申请去跟病态家长一起住。此类人格的配偶在与其有了孩子，而后又分开的情况下，会担心自己的某个孩子受到了他的精神操纵，从而被与自己“离间”了。他们没想错。善于采取抚慰行为的未成年人确实处在我们称之为“离间亲子”的风险之中。这样的孩子痛恨冲突，以至于愿意不惜一切代价避免冲突。超级自恋型家长所强调的那些论据会令其子女认为，如果连孩子都在夫妻离异时“抛弃”了他，那么他将被遗弃，一无所有，流浪街头，处境悲苦甚至可能面临死亡。未满十五六岁的孩子想象力丰富，会以一种不合理的方式认为自己对发生在家庭成员身上的事负有责任。部分孩子甚至认为自己对父母的分裂负有责任。由于太过年轻，他们尚不能敏锐地洞察到这样的分裂不过是夫妇间的分裂、爱侣间的分裂、一个男人和一个女人间的分裂。具有自恋型变态人格的家长将试图将这个孩子牵扯进离婚进程之中，就如同孩子是自己的一位朋友或是知己。父母告知孩子他们要离婚了或是要分开了是件正常的事，但给孩子看司法材料，或把离婚程序的每一步都告诉他，就超越了一个少年所能承受的范围了，尤其当孩子对即将到来的判决发挥不了任何影响的时候（除非他要求法官听取其证词）。换言之，让孩子在司法方面跟踪“事件”、了解所有细节的那位家长实则将孩子置于了无力感之中，也因此给孩子制造了焦虑及担忧的情绪。

我们可通过提出一些与事实最为相符的推测，来对每一种情况进行评估。一方面，并非所有孩子都是可以被操控的；另一方面，我们仍有可能说服一个少年，告诉他不应该为任何家长牺牲自己。自恋型人格的家长只在意其个人利益，但是孩子看不到这一点。他不去怀疑，也不加以判断。所以，应当让孩子知道，家长已经是成年人了，他的资源要比一个少年甚至青年的资源丰富得多。我们可以给孩子解释说，成年人有选择权，然而孩子还是依附于他们的，还没有足够成熟到可以为这件大事做出决定。从“抛弃”这一词语的字面意思上看，小孩是无法抛弃父母的。向孩子展示另一位家长拥有着暗中的资源，这是很有必要的。此外，家长自己也应当较早明白这一点，以避免被离开某个病态之人的内疚感所侵袭！

如何帮助一个孩子不受操控？

这个问题的答案可以总结如下：通过发展他的批判精神。

从三四岁起，小孩能说出一些会被病态家长听到的荒唐话。孩子相信大人言传身教传递给自己的生活态度。他会自然而然地吸纳父母优先认同的价值观，而不曾自己去思考、质疑。而开发别人的批判精神正在于给他提出一些问题，这些问题能令其直面事实，而后找出答案。实施操控的家长会编造谎言，甚至是那些最令人目瞪口呆的谎言。孩子在另一位家长面前复述了这些话。这位家长大吃一惊，一想到自己的孩子竟然坚信这些荒唐、污蔑或是与事实不相符的话就激动得说不出话来。他的第一反应要么是保护孩子的自尊，要么是维护自己、证明自己的清白。他在被激怒，甚至暴怒的情况下做出了一些解释。这是一种本能反应。可是，当受到错误指责的家长反应激烈时，孩子会紧绷起来，面对自己感觉到攻击性的反驳，无法辩驳。然而，给孩子提出问题比证明另一位家长在说谎其实更有效。用这种方式，孩子的大脑便会开始工作了！他渐渐地用理性的方式推理出自己听到的第一个版本实际上是没有意义的。

当八岁半的儿子对她宣告说“爸爸说我是自私鬼”的时候，贝雷尼丝在提问步骤中已经尽其所能地做到最好了。

贝雷尼丝对答道：

——啊，是吗?！那你是怎么想的呢?当你跟维克托分享你的点心时，就像你在学习上帮助他一样，你觉得自己自私吗?

——不。

——那么，每周三我们去接上马丁，带他一起去打橄榄球，你一路和他说说笑笑的时候，你觉得你自私吗?

——不。

——宝贝，坦白说，你觉得你自己自私吗?

——不。

自从她学会让孩子发挥自己的辨别能力之后，她的儿子还说出过如下的话：“爸爸在童年时代应该遇到过问题！”以及“不能因为他父亲没有爱过他，他就可以像这样对待他的儿子，我的天！”

我在此谈论的这个方法，是大众所熟知的亚伦·贝克

（Aaron Beck）的认知疗法，或是阿尔伯特 · 艾利斯的合理情绪疗法[1]。方法在于提出一些中立的问题，来使某种信仰、认知与现实对质。

例子中提到的贝雷尼丝提问她儿子的方式，并非她原本会自然做出的行为。如果你自己也需要对一个肯定地说出一些不合理观念的孩子使用这一方法，我建议你首先从比贝雷尼丝更加中立开始。不要立刻提出一些事实，而可以通过如下类型的问题，等待着孩子自己找出真相来（以上述案例为例）：“你记得你最近一次大方的行为吗？”随后，在得到第一个回答后，继续问：“那后来还在什么时候有过呢？”一直问到孩子的面部神色似乎有了变化，把他的负面情绪变成了正面能量。这时孩子还会变换姿势，身板挺得更直，重新开始微笑，而且还可能变换声调，然后他会得出与第一个结论相反的结论，或者突然意识到：“自私的人应该是他（那位父亲）才对！”当小孩或青少年惊呼父亲（或母亲）不爱他（在这位父母不在场的情况下），另一位父母的反应是反驳他。换句话说，成年人会去保护另外那位家长的完美家长形象，尽管这一形象本该具有的功能已经严重失调了！而如果现在，你不再保护另一方，转而开始支持少年的感知呢？回答说：“很不幸，他不爱任何人！”能带来比我们想象中多得多的轻松。当孩子变得清醒，且试

1 合理情绪疗法，也称“理性情绪疗法”，是帮助求助者解决因不合理信念产生的情绪困扰的一种心理治疗方法。于 20 世纪 50 年代由阿尔伯特 · 艾利斯在美国创立。——译者注

图把自己的感知告诉大人，但却受到指责（“肯定不会，他当然是爱你的！”），或被否定（“你自己乱想什么呢！”）的时候，孩子会觉得孤立无援。他甚至有可能不再倾诉其对于那位给他带来问题的家长的感受。但是，我认为考虑到孩子尚幼的年纪，如下风格的回应也不合适：“是的，你说得对，他不爱你！”这个回答太过于有针对性，小孩或青少年有可能在很长时间内都反复纠结于这句话。

说回到这一方法上来，该方法建议提出一些问题来反对某个荒唐的念头。我必须提醒你，相对直接摆出事实或者陈述你的观点，使用该方法将花费你更多的时间。但它能够深入推进孩子的理性思考（多亏了你提出的问题），从而培养其批判精神。苏格拉底就是以同样的方式驳得他的学生们哑口无言的。于是，这一方法还被称为苏格拉底式对话——我在之前的作品中亦多次提及——它有助于我们在多种精神操纵面前保持理性的思维。

当离开变得迫在眉睫

无论父母已经分开还是仍旧生活在一起，这都改变不了大部分孩子默默忍受痛苦的事实，只要他们跟具有自恋型变态人格的家长生活在同一屋檐下。头几天里的礼物或是美味佳肴

（在离异的情况下）都改变不了所有这些孩子开启的过度警觉模式。出于经验，他们知道暴风雨的停息最长不超过三天！

这一过度顺应让孩子痛苦且精疲力竭。很多小孩和青少年躲在自己的房间里哭泣。很多孩子在自己的日记里写下了轻生的念头（所幸很少有人付诸行动！）。他们梦想着另一种生活，而且要快！

露西和她的哥哥分别被以两种不同的方式从他们妈妈的生活中抹去了；其中一种方式是悲惨且不可逆转的：

为了逃离我生母的残酷，我在不爱对方的情况下结了婚，丢下了比我大三岁半的哥哥，留他去面对我们母亲精神上的残酷。然而，我们彼此间的手足之爱是亲密无间的。哥哥接受不了我的离开，在打算去度十天假的时候，他从一列火车上跳了下去。我坚信他那惨烈的死亡要归咎于我母亲的病态。此外，母亲还急忙把这件事的责任归到了我头上……

目前我们尚不清楚，有多少自杀事件应该归咎于受害者与变态人格之人间那令人无法承受的关系。我猜想数量众多……

人类拥有着巨大的精神力量，能够从众多考验之中脱险，无论考验有多么严峻。逃避是最常见的策略。要么是精神上的（从长期来看这是无效的，因为没有任何真诚的沟通），要么是实质上的——最常见是地理上的！很多控制型母亲的孩子都本能地在他们中间拉开了成百甚至上千公里的距离。这可关系到自己能否好好活下去！然而，并非所有人在那个时候都搞懂了为何自己选择去到如此远的地方生活……

弗朗索瓦丝是后来才明白的：

之前我以为，25 岁时离开家的选择是我自由的、深思熟虑后的决定。但是不久之前，在回忆起一些事件之后，我想起来当时一切都不正常。在我离开之前，我停止给我爸妈打扫卫生、熨衣服，不再做包干一切家务的“保姆”了。当时，如果我不幸地提出想去见我后来的丈夫（通常是在每周三他出差回来时），就会惹得他们勃然大怒。母亲的吼叫、指责会由焦躁的父亲进行补充。我后来的丈夫当时决定自己搬出去住，在他搬家前 15 天，我提议搬去和他一起住。在现在的我眼里，当时的原因变得显而易见——逃离我父母那破坏性的、令人无法承受的控制。

一旦完成学业，超级自恋型母亲的孩子们会立即尽早离开。在获得的案例中，我们频频观察到，不少男孩、女孩从十六七岁起便离开了家！但相反，这似乎不是独生子女的情况。别忘了，有不止一个孩子的控制型母亲会在孩子很小的时候就实施一系列手段，以便让每一个孩子都早早地开始自治（12 ~ 16 岁）。因此，当这些孩子离开的时候，每一个人都能从这一脱离中受益……

不幸的是，就如我们在上文中看到的那样，当父母离异而孩子们尚年少时，兄弟姐妹中间成年的那个孩子可能会牺牲自己去“照顾”被其他人“卑鄙”地抛弃的那位家长！那么他是否一上来就忠于这一任务，宽厚地去扮演一位知己，甚至是家长的家长的角色？这一现象甚至在控制型母亲并未离异的时候就会存在。

当整个家庭转而反对你

当控制型母亲扭曲的操纵不再如其所愿对某个已经成年的孩子奏效时，惩罚手段便会登场！当然，如果有人妨碍了她，她会一如既往地通过赌气的方式来中断沟通；但是出于报复需求，她会很快地做出更多举动，以重建其纯粹个人的权力观念、以重新掌控局面。她会在几小时之内就对其他家庭成员讲述你们之间愈演愈烈的对抗情形。由于她主观地忽略事件的客观性，所以她会按照对她有利的方式来讲述事件，把自己说成受害者，为了让别人理解为是你的行为或你的言词咄咄逼人、不可容忍，是你挑起了敌对状态！如果其他家庭成员在不和发生之后的几个小时里没有听到你的版本，他们就会把听到的第一份叙述视为唯一事实。你要知道，把某件家庭“事件”（往往只不过是鸡毛蒜皮的小事）第一个分享或告知给某个人，证明了对倾听者的信任。倾听者会为这一信任而感到荣幸，并会很快地站到倾诉者的那一边。

想要阻止那些针对你的诽谤或谣言产生影响，你最好尽快给你的家庭成员或周围的人打电话（不要再等几天之后才行动，因为女性操纵者可能在你之前已经打过了！）。这无疑能帮你避免发生在弗朗索瓦丝身上的事：

三年前，关于我母亲对于我儿子的“权力”以及她“把他说成骗子的权力”，我们之间发生了争执。当晚，当她向来我和我丈夫家吃晚餐的我父亲讲述这件事的时候，竟当着我的面篡改了事实。就是从那时起，我第一次决定对我母亲说不再欢迎她来我们家。这一激进的决定让我跟全家人完全断了联系。

我得知，就在当晚，她还对我的姐姐和哥哥讲了一些夸大的、歪曲的或完全捏造的话。在一年多的时间里，都流传着一些关于我的谣言。她在很多人那里给我打造了新的名声（说到底，并不是跟我太亲近的人），其中包括我那座城市里的葡萄牙人小圈子。我母亲同样试图在我丈夫的家人那边玷污我的形象，所幸她没有成功。多亏他们，我才经受住了所有这些考验。在三年时间里，对于我的近亲家庭、远亲家庭、邻居、周边商店的老板（我在我出生的城市居住了40多年了）而言，我变成了一个鼠疫患者般的存在。对于很多人来说，我是那个不孝女，抛弃了自己的母亲——那个不仅残疾，还成了寡妇的“可怜人”！

我参加的最近几场婚礼中，有一场是我叔叔儿子的婚礼，叔叔最近去世了。婶婶近几年来和我母亲走得很近，并且我猜想她也是操纵者。她在整个婚礼过程中都不把我视为我父亲家的一分子。我和我丈夫受到了排挤，新郎的妹妹也受到了排挤，理由是她和她哥哥在同一年结婚！我婶婶把我们和完全不认识的人安排到了一桌，远离我们家的座席。甚至在和新人拍照的时候，新人也没有对我们说一句话。这是第一场我没有跳舞的婚礼，我原本可是很喜欢这类轻松时刻的。最后我和我丈夫达成共识，早早地就离开了。

这种被某个团体“束之高阁”的现象，曾在职场中得到过研究。遭到团体诽谤、排斥、散布谣言的替罪羊却不知道其中的真实原因，因为大家有意不让他知情关于团体的一切（例如一次会议），或关于其成员的一切（例如某人离开很长时间，或是某个重大变动），这是冷暴力的常见形式。

在其研究中，海因茨·莱曼（Heinz Leymann）依据45种可能的行径[1]，描述了这种某个成员遭到几乎整个团队排挤的现象。

因此，我把在并非出于个人原因的前提下，某个家庭成员遭到其余家庭成员排斥的现象称为“家庭冷暴力”。可令人惊

1 海因茨·莱曼（Heinz Leymann），《职场冷暴力——工作中的虐待现象》（*Le mobbing — La persecution au travail*），Seuil出版社出版。

愕之处在于，它往往来自于一位母亲对自己的某个孩子使出的小阴谋。我们已经看到，母亲之所以能够为了保持身份认同上勉强的平衡而使出阴谋，那么缺乏真正的爱，外加极度以自我为中心，一定是最说得过去的解释。

弗朗索瓦丝继续说：

近三年来，每一次大家庭（亲近的或稍远一些的）聚会对于我和我的小家庭来说都是一件苦差事。尽管时间能冲淡一些东西，但这些聚会时刻凸显了那些家庭阴谋、一些人对我们的排挤或是另一些人对我们的无视。受害者的痛苦存在于所经历的冷暴力以及排挤之中，但更加存在于对过去的一切质疑之中，那些曾看似快乐又无忧的时光。对比多么强烈！

源自于家庭冷暴力的排挤意味着家里人不再告知你你一直都关心的那些事：发生在你们这个小团体中的事。

你的控制型母亲对你隐瞒了那些好的和坏的消息。弗洛朗丝的母亲和姐姐均属于具有毁坏性的自恋型人格，她很好地概述了整个操纵过程：

我的姐姐和我的妈妈一样是位操纵者，她首先是不让她的女儿们再与我往来；接着渐渐让母亲疏远了我。母亲和姐姐都不通知我家庭聚会的相关消息，例如我婶婶的葬礼、某位家庭成员的疾病、婚礼（除非已经举行过了）、我姐夫母亲的葬礼等。此外也通过一些谎话、谣言或是夸大的事实，让我的表兄弟们孤立了我。过去当他们问起我的消息时，她们也不曾给过我的联系方式。

弗朗索瓦丝也讲述了家中的一个例子。此处涉及的病患组合与弗洛朗丝家十分相似：她的母亲和妹妹也都是操纵者。

我是从脸书上得知我叔叔过世的消息的，就这都还多亏了一位在葡萄牙生活的远房表亲！我妹妹和我母亲都没有通知我这一消息。反而我生活在爱尔兰的哥哥给我发了条短信（尽管迟了些）告知这件事。我不知道，究竟是什么让我更伤心？是叔叔的离世，还是那个我在很长时间里一直亲切称呼她为“妹妹”的人那令人费解的反应？哪怕是在如此悲痛的时刻，她也没能够克制自己的愤恨。是啊，很不幸，我也有个控制型妹妹……

如此，在上述两个案例当中，我们能够观察到这两位具有自恋型变态人格的女性做出了相同的反应：不让那个与自己不同的人知情家中事务，对于一者来说，是女儿；对于另一者来说，是姐妹。

在你不知情的情况下，对你不利的影响已经产生：因为未被通知某人去世、某人出生或是某个婚礼，你在他人眼里变成了粗野、无礼、不懂尊敬甚至傲慢的人！而事实上，你如何能够在你母亲从未转达的前提下，感谢你亲人的邀请？如何能及时赶赴葬礼？但似乎没有人会怀疑你的母亲在答应转达邀请的同时，却从未通知过你……

德尼也曾是这一情况的见证人：

我母亲很清楚她最近去世的丈夫生前很喜欢他的表妹。可是母亲却没通知这位表姑我父亲过世的消息！我为这一决定感到震惊，并且也把想法对母亲说了。但是无果……

亲表妹没来参加亲爱的表哥的葬礼？多么不懂礼数！多么轻蔑！他们之间究竟发生了什么严重的事？到场参加葬礼的人自然会为这一缺席而困惑。他们甚至可能怀疑起这位表妹的善心和人格来。更不用说没能够陪伴亲爱的表哥最后一程的遗憾定会让表妹感到痛苦。而创造了这出悲剧的，只有一个人……

与部分家庭成员恢复联系

萨布丽娜也曾经历过家庭冷暴力：

我母亲是具有变态人格的操纵者，拥有着30种特征中的27种。她让几乎全家人相信，她的不幸全都归咎于我和我爸爸！在断了联系一年之后，且在她搬了家也没通知我之后，她让我姨妈从网上联系了我。姨妈给我写来的邮件里满是各种谴责：我是一个不称职的女儿，抛弃了自己生病的母亲！母亲拒绝接受治疗，姨妈劝说我去照顾她，而不要再“自私地”过着自己的生活。我只是简单地回复她说，我所有帮助她的尝试都失败了，我妈应该学着自己走出来，尤其应该质疑她自己，我曾经也是这样做的。我的回复在接下来的两封邮件里招致了更多的辱骂！尽管我曾试图解释面对我母亲时我感受到的不舒服，但我后来意识到与姨妈间的交流不过是在各说各话，所以我最终就不再给姨妈回信了。在欣赏我的人们的支持下，我坚定地做我自己，学会平静地生活，学会更加自尊自爱。最终，我很高兴地发现并非所有家里人都批判我！一位表姐还与我保持着联系，只不过仅在虚拟世界里，因为我们都知道如果她在现实生活中也与我频繁往来的话，她将要遭受什么样的狂风暴雨。在她的最后一条消息中，她向我解释说我母亲纠缠她，让她跟我说我有多么大错特错，说我在邮件里所说的一切都是假的！我母亲也在表姐的母亲身上使用了同样的手法，那是我唯一一位总是与家庭纷争保持距离的婶婶。她们俩都拒绝介入。表姐提议我们重新见面，从今以后不再理会其余家庭成员的看法。于我而言，这是得到她承认的重要标志。不再被指指点点，以我本来的样子——我的缺点以及我的优点，来赢得认可和接受，真是一种难以言喻的轻松……

与大多数冷暴力的受害者所认为的相反，他周围的人并非都是站在操纵者那一边的。确实，面对同一团体内某个人的不良行径，有的成员会隐藏起他们的批判性眼光，但同时也完全不予支持。然而，在大部分人的思维当中，“沉默就意味着同意”。但是在我们所关心的这种情况下，这是错误的：逃避冲突是明智之人的正常反应，他们本能地知道此时采取某种立场是无效的，且会被视为在挑起战争。再者，他们当中有多少人在面对某个病态之人的反常态度时会表现出局促不安、束手无策、非常惊讶？家庭成员可能会本能地不去表达他们的立场或反对态度，针对这种不作为，我想补充说明的是，情况对于他们来说并不像对于你那样显而易见。因为你是当事家长的孩子，一方面，你已睁开了双眼；另一方面，面对你的父母，你是持批判态度的。如果你不先对他们讲述，他们又怎么会知道呢？

此外，很多人都会混淆批评与诽谤。鉴于他们不愿被认为是诽谤他人的人，因而他们便避免做出任何批评，哪怕他们就是那样想的。

不要只看表象：你的部分亲人已经默默同情你很长时间了……

弗朗索瓦丝借助参加葬礼的机会重新恢复了与部分亲人的联系：

我去参加了我叔叔的葬礼，尽管他生前我并不经常见到他，并且在几个月前我父亲的葬礼上他一句话也没对我说——我其他叔叔也这样。无论如何，这都是我很长时间以来做出的最好的选择之一。我和父亲家的部分家庭成员说了话。我发现这部分人对我母亲的行为有所疑问，他们理解也尊重我在空间上与其拉开距离的选择。于是我又找回了一种归属感。我重新搭建起了那些直接或间接由我母亲切断的联系。

在我看来，被排斥的感觉是人类所能感受到的最糟糕的感觉。因此，制造家庭冷暴力是自恋型人格之人所使用的最邪恶的手段之一。他们不惜将家庭分裂成若干小团体，并毫不犹豫地破坏其孤立的某个家庭成员能得到的任何保护。而且这个人并不是随便什么人：而是他们的子女！

从反复分离到彻底决裂

我们已经证实了，所有接触操纵者的人的惯常反应是采取缓和行为（例如：他讲笑话时大笑，他说话时微笑，奉承他，给他送礼物等）。这样做是为了在哪怕压力变得难以承受的情况下，也能避免公开冲突。而最常采用的方法是我们所说的回避。换言之，你越少看到或越少跟那个扰乱你的人交流，你的状态就越好！要么受害者做出的所有举止均旨在防止接触（例如："如果她在，我就不去了"），在这种情况下，便是全面回避；要么还有一种类型的回避，建立在已经有了接触的前提下，即巧妙的回避。

当你不得不接待或拜访控制型父母（或祖父母）时，以下有一些有效的巧妙回避手段，你可以参照如下方法行动：

● 打开电视用以分散注意力；

● 玩桌面游戏，在游戏过程中你们很少有机会讨论，于是自然很少会争吵——拼字游戏就能很好地完成这项使命；

● 翻看相册；

● 撒谎或有意遗漏某些消息；

● 安排一些事先定好时间的旅游观光（否则有可能宅在家里不出门）；

● 介绍一些报纸或杂志上的文章，这可以提供评论素材；

● 请他不认识的某位第三者一起来（但要事先把操纵者那迷惑人的、欺骗性的特征告诉对方）。

"做出"回避举动，听上去可能有些矛盾。回避往往意味着不付诸行动，但并不仅限于此。实际上，我主张的回避应当是事先计划并充分准备好的。理想的状态是设计多个起到回避作用的剧本，以便令当天的活动多样化，从而避免（你）受内伤或是情绪爆发出来。换言之，这些行为是经过思考、选择和推动的，这样你才能相对地掌控局面（聚餐、观光、传统活动、共度的一天、留宿以及最糟糕的情况——度假）。

马蒂娜与我们分享了她的策略之一，用以避免其母亲入侵她的度假住宅：

比如，我强迫自己不在母亲面前表现出我已经厌烦一再带她去乡下了。我借助一些伎俩来逃脱她能够让我中计的一些手法：例如去乡下时，我选择不自己开车，而是先坐地铁，接着转火车，然后再转公交！鉴于她年事已高，这样的行程对于她来说是不可能实现的，就这样我便不再带她去我那里了。

设计这类策略需要有新颖的点子，但更需要精力。因为说到底，那需要很好地掌控住我们知道可能会变得紧张的局面。你将需要在几小时的时间里做个虚伪的人（发发慈悲，避开假期！），同时你要知道这将让你筋疲力尽。这也就是为何操纵者离开之后你就能感觉到明显松了一口气。

在缓和行为之外（不要指出其荒谬的言行，更不要拆穿其谎言），进行巧妙回避的目的在于保持总体上的控制，防止共度的时光被糟蹋。

另外，如果你发现你的缓和行为并不奏效，你还可以采取全面回避策略：不再见操纵者。你们当中的部分人会因为设置了这样一段距离而产生负罪感，但应当把自己从中解放出来……

是他离开了你！

在上文中，就受害者与自恋型人格之人共度的时光里，采取何种态度方能够更好地掌控气氛，我提出了一些建议。不过，你可以决定不再见这位如此有毒害性或毁坏性的家长（或是另外一位患有相同病症的家庭成员）。

然而，同样可能频发的情况是，这样的一位家长不再让你看到其生命迹象！换句话说，是操纵者完全地避开了你！陷阱开始了：很长时间以来，你都期望着限制或避免一切接触，但到了这一情况发生在未经你直接同意，而且决定并非由你做出的情况下，这还是会干扰到你。那你究竟做了什么事或说了什么话，如此可怕、如此令人无法忍受？他是否在赌气？是否该由你给他打电话？这一既成事实并不一定是有意设置的陷阱。但无论如何，这可以作为一个测试，来验证你是否会再次先跨出那一步，就如同你在寻求原谅。但我还有另一个推测：他对你不感兴趣！你已经不能再充分滋养他的自我，于是他只是简单地想不起要询问关于你的消息！这两个推测都是说得通的。德尼的母亲是这样行事的：

几年来，一直是我大约每周打一次电话给她。但是当我某次去看望她之后，或是某次通话之后变得很生气时，我就三星期甚至三个月不给她打电话。即使我一段时间不打电话，她半年时间里也只拿起电话给我打过一次。视谈话内容而定，她有时会突然挂断电话。我偶尔也会对她做同样的事情，但要少得多。此外，她从来不给我写信。

还有一些母亲改变了生活状态，换了职业或住所、国家、电话号码，却完全不通知她们自己的孩子们（或是只通知个别孩子）。这又是一个非常常见的行为，不是吗？

她们可以在几年之后又重返你生活的舞台，这可以拉长我们对她们的奇怪行为的观察时间。那时，她们会再一次扮演起被抛弃的受害者，仿佛不知道发生了什么事……而这期间的那些年，或许已经让你终于不再对与这位家长间的关系抱有幻想了。米莱娜发现自己退避三舍了：

有一天，我接到一个亲表姐从希腊打来的电话，告知我说我母亲（当时我已经很久没有她的消息了）就在她生活的那个地方，并且还在工作。看来母亲已决定离开我的生活了，她既没通知我这一决定，也未同我讲过她在希腊的打算。鉴于此，我换掉了手机号码，让她再也找不到我。

四年半之后，为我父亲举行葬礼时，她居然有胆子出现在了墓地（他们已经离婚了）！她是来见我的，也为了向我提一连串的问题，但她所用的语气客套而充满虚情假意："你为什么不打个电话呢？你怎么都不给我打电话呢？你为什么不愿意见我呢？你为何要避免与我有任何接触呢？是房子的关系吗（她认为我与父亲关系变得亲密，是因为想要他那所漂亮的宅子！）？我自己有房子的！我们会再见面吗？"我回答她说，我不知道我们是否会再见面，但由于她一直坚持，我说我会考虑的。显然，即使我记下了她的电话号码，我也还是没有给她打电话。在墓地见到她并没有给我带来太多波澜。在我眼里，她已经不复存在，也不再是我生命的一部分了。明明是她决定离开我的生活的，却反过来指责我不联络，多么自负啊！因为我很了解这个人，所以我决定不生气。

后来，我通过其他渠道得知她从希腊回到了保加利亚，去为她的退休金办理相关手续，后来又跟她的丈夫一起去了德国。家人还告诉我，她说乐意帮助我管理房子。房子是从我父亲那里继承来的，我是唯一继承人；我知道她和她丈夫住的那套公寓太小了，对她来说不够舒适；她一直想要一所带花园的房子……这一时机对于她来说真是一个绝佳的机会。

感谢宇宙让我知道了这些信息。我立刻就确认了她的诡计：她想要利用我的房子来接近我。我知道她做得出来，是会搬到房子里去住的！她要想操控我：如果我与她保持联系，我就必须在她生病的时候照顾她，等等。她甚至还能够做得更过分……

我付出的足够多了，甚至过多了！即使她是我母亲，即便想到与具有此类人格的人打过交道会时而让我感到悲哀，我还是宁愿拉开距离、卸下依恋、忽视她的存在。

不幸的是，我还不得不也切断了和一位与我年纪相仿的表姐的联系，以避免走漏信息。我竭尽所能让她对我的生活一无所知。与她拉开3000公里以上的距离之后，我确实感觉好多了……

不再幻想一种理想的关系是必须的。如果不这样做，希望和煎熬就会一直同时存在。

难以原谅、无法遗忘

有时我们会听到人们这样说："我可以原谅但我不会忘记。"还有的人会说："我忘不了但我也不会原谅。"似乎只有上帝会宽恕众生……也似乎，我们只会原谅请求我们原谅的人……

原谅之路并不在心理学家的辖区，而应归属到宗教人士及教会的管辖范围。每个人会选择适合自己的那条道路，当涉及具有自恋型人格之人的孩子时，他们可能会"给自己做工作"，以达到原谅这一目标。我不跟从这条道路上的任何建议，但我可以说，终于原谅伤害过我们的人能够让自己在心理上如释重负，这一效果不容忽视。

就我们所关注的这一主题，我注意到，很多家长具有自恋型变态人格的孩子，甚至是所有孩子从童年起就尽他们最大的努力去改变他们有毒有害家长的态度。除了一些孩子做出的缓和行为之外，还有另一些孩子尝试过口头或笔头的对质、眼泪、恳求、呼喊、未遂或成功的自杀、分离、威胁、警告、疏远或是彻底决裂，这些尝试当中没有任何一种助孩子们达到了目标：让相关家长意识到他带有破坏意图的所作所为应当停止了。没有什么能从根本上改变他！……

在接受这一结论之前，你们当中有多少人给过自己的控制型家长第二、第三，接着是第四次机会来在几个月甚至几年的断绝往来之后，重新与你修补关系？为何要如此固执地不停修复碎了的瓶子？

最受认可的原因之一是，只要此类人格的受害者对操纵者的那一系列态度感到难以名状，且他们并不了解这一人格的病态性质，他们就有权认为每一个人若都能够反思自己，就能够变得更好。在第一章当中，我还阐述过其他原因（操纵者表面上看起来很正常，操纵者拥有有利的品质，你的信仰、内疚感、缺乏批判精神等）。这一些原因强化了本段开头阐释的那个原因，且令受害者与病态家长长期地保持着束缚性的、毁灭性的关系。

那么，是什么引发出“够了”这一顿悟？除了来自外部世界的某条清晰的信息（与本作品类似的某本书籍、某位治疗师、你家庭里的某位成员、某位朋友、媒体、讲座）之外，顿悟还将通过你对于操纵者态度之反复性的观察来获得。

弗朗索瓦丝讲述了她和她丈夫是如何获得以下顿悟的：

我们和我母亲最近一次争吵的主题（当时我父亲去世四个月，我重新对她无条件地开放了我的家门，努力忘却她曾给我造成的痛苦，且不计较曾长达两年的家庭排挤！），涉及母亲多次撒谎，而这一次是为了她所谓曾经借给我们的钱。真是可笑又荒谬，因为我知道她没有借过任何东西给我。然而她一再坚持：“有的，有的，你欠我钱，你父亲在你们铺木地板时给过你丈夫一张1000欧元的支票，用来帮助你们付家装工程款。”我的第一反应是很惊讶。我因我丈夫没有告诉我这件事而惊讶又气恼。我对此毫无印象，但我当时想，时隔七八年之久，记忆有时是会出错的。在查了银行流水，且跟我丈夫进行了对质之后，她依然坚持她的版本！这让我丈夫恼羞成怒（他向来是一个平静且尊重人的人）。他变得失控，若不是我把母亲赶出门外，最坏的情况（肢体暴力）可能已经发生了！最终我不得不行动起来，去面对那些无休无止且越发有毒害性的批评。

因此，在度过了遭受排挤的艰难的两年，经历了争吵、家庭不睦以及随后由我率先做出的疏远与回避之后，我父亲的葬礼还是带来了为期四个月的短暂休战。在这四个月期间，我每两周就把我偏瘫的母亲接到家里来照顾一周。然而我又为此付出了什么代价呢？随着时间推移，我发现她还在继续说我的坏话：所有在我家里发生的事、说过的话，她都转述给了我的弟弟妹妹等人。

如果多亏了你的回避和缓和策略，你发现了操纵者的一些改变，那么你将会观察到纸牌塔在两个月，最多四个月后就会倒塌！看似终于出现的改变只不过是为了催眠你的短暂停息，即为了令你放松警惕性，为了降低你在某种程度上阻碍了他滋养其自我的防卫等级。其有毒态度的循环会转回来。事实上，那个循环从未消失过。和平阶段会持续几个月，仅此而已。尽管你努力找到一种关系的平衡及和谐，但这一反复无常将让你如受到电击一般，令原谅对方的任务变得困难起来。人们通常会原谅过去曾经犯过错，但看似不会再威胁到自己完整性的人。

此外，由于攻击一直持续，一旦与其接触超过三四个小时（有的人甚至说仅需几分钟），痛苦的记忆便又鲜活起来了的话，要如何“遗忘”这样的痛苦？

萨布丽娜曾有过艰难的体验：

我与男朋友分手后，在找房子期间，我母亲提议让我重新搬到她家住。我当时还住在我前任家，因为我们相处得不错。但是我母亲鼓动我去跟她住，理由是这种情形“对于我来说应该难以忍受”。我知道她的动机更多是出于她讨厌孤独。她也刚和她的男朋友分开，在这之前他们共同生活了七年。对于我来说，我和我男朋友之间的情况并未给我造成任何困扰，但我出于同情还是接受了她的提议。在我准备搬家的过程中，恰巧与前前任男友通了电话（我与他仍旧保持着断断续续的友谊）。当我告知他我的决定时，他诉说了他的怀疑并问我是否确定我母亲真的改变了。我在那时本该意识到那是我的妄想。但我当时坚信，经过这些年，我已经没什么需要怕她的了。那真是个可怕的错误。我刚搬进她家，她以前的个性就即刻重新显露了出来。她那时刚摔断了手腕，无法开车。所以，我下班之后要去她的商店接她回家。她除了一直在抱怨她的情况之外，还不断批评我的驾驶风格，或者在一些没有意义的小事上贬低我。在她家里，她给我施加压力，让我每周末打扫卫生，完全不考虑我想要时不时喘口气的愿望。每次一有机会，当她在街上遇到一些熟人，她便坚持说她有多不幸，以博得所有人的同情，包括余下的家庭成员。就是从那时候起，我开始渐渐陷入抑郁之中，自己却还没有意识到。她尤其会表现出越来越难以应付的“疲惫”。唯一一次，我大着胆子向她解释说我真的感到自己筋疲力尽了。可她对此的回应是，“那不是真的”，相反，要是她得在她那个状态下干活的话，她才是真的疲惫不堪！

在我开始和一个男孩约会之后，我把这件事告诉了我母亲。当时我和这个男孩非常亲密。我母亲唯一的反应就是用冰冷的语气说了一个“啊”字。接下来的局面犹如炼狱一般。她开始批判我的男朋友，可她还从未见过他！她在我们约会的过程中总是发短信纠缠我，例如生硬地问我打算几点回家。我甚至到了每次约会结束，一想到要回家就完全焦虑起来的地步。在一次正面争论的过程中，我母亲第二次把我说成是妓女，仅仅因为我在跟一个男孩约会……我的忍耐已到极限。于是我最终决定离开，彻底和我母亲切断一切联系。

在孩子们选择彻底切断联系已经好几年的情况下，遗忘也仍旧是不可能的。一切有可能的接触，例如家庭里发生的某个事件，都能重新激活威胁。受害者并非妄想狂患者，基于自己的经验，他们很了解操纵者的“作案手法”。他们能够评估可能性，并预言操纵者在那几个小时里的行径。程序已是如此固化及反复，他们甚至可以预先提醒周围的人它的进程。受害者们擅长于做出贴近现实的预言，于是更能够自如地决定自己是否该冒险与操纵者碰面。如果必须出席某一家庭活动，他们会再次采取伪善行为，以便在某种程度上抑制同样也在场的控制型母亲迟早会制造出来的挑衅和压力。

如果真的能够遗忘，那当我征询书面例证的时候，又如何会收集到如此多的对话细节，以及在陈年旧事里听到的那些回应？我惊讶于所得到的涉及控制型母亲的实例，是其他家庭成员案例的五倍。这一事实帮助我明白了这样的亲身经历是永远无法遗忘的。

学习摆脱影响

自发地消除如“成年人必须要被其周围的所有人（或几乎所有人）喜爱、肯定、尊重、赏识，无论这个人是否重要”这一类型的认知图式绝非易事。这一图式催生出了一种迫切需求：让别人喜欢自己，且尤其不能让别人不喜欢自己，也不能令他人不快。它通常会阻碍我们在他人面前肯定自己。

操纵者的受害对象身上常见的第二种认知图式是：“一定要从根本上具备能力，能够在自己的积极方面达成自己的目标，这样才能认为自己是有价值的。”

只是简单地意识到自己拥有着这些图式中的一种，是不足以消除它的。可以说这一意识是必要但不充分条件。

认知疗法和行为疗法相结合似乎能够取得很好的效果。我组织的自我肯定及自我尊重培训小组通过带领受害者进行学习和练习，来帮助他们克服对于不讨人喜欢的恐惧、对于肯定自我会招致排挤的恐惧，并教导他们去认识自己的优秀品质，从而不再妄自菲薄。经过四个月的集中学习（每天都要求完成一些任务，并由治疗师负责检查），大部分人能够从 1 号图式（应该让所有人喜欢自己）中解脱出来。至于 2 号图式（完美主义图式），我发现有完美主义倾向的项目参与者需要四个月以上的时间才能够解脱出来。他们也在“努力”，但会在更长时间里被这样的想法占据：如果放弃了自己对于完美的追求，那么自己会突然落入平庸。这是完美主义者的典型认知模式：二元思维。要么拥有一切、要么一无所有；要么鹤立鸡群、要么一无是处；要么出类拔萃、要么完全平庸……在此情况下，认知训练是首要的。我们需要询问以下问题：“如果我稍微地在质和量上都做得比平时差一点儿，我是否就一定会一无是处或制造出平淡无奇的东西？”“如果我达不到自己平日里的要求，这是否就真的不能被接受？我是否缺乏责任心？不配被尊重？令人难以忍受？”“其他所有我认为不完美的人是否就没有价值？不值得被器重？”，等等。

这一类型的问题应当在几个月内被重复提出。请根据图式活跃的具体情况来改编你提出的问题。

此外，阅读吕西安 · 奥热的作品《自助》[1] 将会强烈地撼动你早已根深蒂固的认知图式。我认为它非常有效。书中描述了阿尔贝 · 埃利斯发现的 10 种图式。阿尔贝 · 埃利斯是在美国将认知疗法用于治疗负面情绪（焦虑、抑郁……）的先驱。

---

1 吕西安·奥热（Lucien Auger），《自助》（*S'aidersoi–même*），Éditions de l'Homme 出版社，1974 年出版。

这 10 种图式中，部分图式与你无关（例如：“人类最大的幸福可通过惰性和无所作为来获得”），但如果你在 1 号或 2 号图式（抑或两者兼有）中认出了自己，那么这本书一定能发挥它的作用！

请不要忘了：所有操纵者都能够本能地截获你的信仰、原则、个人价值观还有这两种图式，因为它们是适宜操纵你情感的肥沃土壤。

逃离而后重生

如果你想从这样的亲身体验中痊愈，方法已经写在小标题中了：尽快逃离！

我们已经多次谈到了有意回避——无论是完全避开还是巧妙回避。所以，这是我能够提供的最好的答案。

如果你无法或者不想完全避开操纵者，即不想完全与其断了联系（在控制型家长尚未自己着手去切断联系的情况下），你可以实施反操纵。

实施反操纵

反操纵是一种交流形式，目的在于什么都不交流！关于操纵，我在我的前两部作品中阐述过一系列操纵性的、挑衅性的反应，以便你能够训练自己去做出相应的书面回应。但你要知道，在大多数时间里，反操纵是在口头上实施的。这就是我们所说的“随机应变”。这是可以学会的，且效果来得比你想象中快。反操纵的原则在于回应那些令人不愉快的反应时，表现出情感上的冷漠。

根据你本人以及相关家长的个性，存在着四种可能的风格可供选择：

一、中性风格（例如：“有可能。”）；

二、幽默风格（视情况发挥）；

三、自嘲风格（例如：“还有呢，你还没全都看到呢！”）；

四、讽刺风格（例如：“龙生龙，凤生凤，老鼠的儿子会打洞。”）。

别忘了所有操纵者都通过你的情绪反应（除了喜悦之情）来滋养自己。因此，你越是表现得置身于讨论之外，或越是不容易被那些言论激怒，操纵者就越是没兴趣跟你交流。这便是你所追求的效果，不是吗？

以下是一些控制型父母说出来的话，我附上了可行的回应。你需要按照你与相关家长间的关系，以及其总体的幽默程度来调整你的风格。

断言：你有一辆新汽车了？你还真是随心所欲，想买就买呢！

回应： 究竟是谁跟你说我没有思前想后，而是想买就买的？

断言： 人们看到你时只看得到你的红色大衣！

回应： 我故意的！

断言： 你怎么能那么刻板！

回应： 我知道当我井井有条、为该记录的事情勤做笔记的时候，你就会不爽。

断言： 真是没法跟你说话！

回应： 彼此彼此！

断言： 你总觉得你说得对。

回应： 是的呀，没人会总是想要说得错吧……

断言： 你还真是有个怪样子。

回应： 至少我还有个样子！

断言： 你毫无幽默感！

回应： 我还在寻找你的幽默感呢！

断言： 我希望你很幸福！

回应： 要是这个希望是真的就好了……

断言： 我这样对你说，是为了你好。

回应： 我没怀疑啊。

断言： 你只会顽固地按照你脑袋里的那些想法做事！

回应： 既然我有个脑袋，我就要用上啊！

断言： 我之所以还留在你们父亲身边，都是为了你们。

回应： 爸爸……他知道吗？

断言：你对你的孩子们太过严格了。

回应：有时候就是应该严格。

断言：你对你的孩子们太过宽容了。

回应：有时候就是应该宽容。

断言：你可真是够咄咄逼人的！

回应：那肯定有原因。尤其是跟你在一起时，我才会那样。

断言：你只想着你自己！

回应：你可以这样想，但是我的朋友们很了解我是个什么样的人。

断言：我从来都指望不上你！

回应：你这样对我说出来是件好事！既然这是你的结论，那么我就停止给你提供帮助吧。

断言：你要相信我的经验。

回应：不用为我操心。

断言：我觉得你丈夫总能找到一些“好理由”来避免跟你和孩子们待在一起！

回应：啊，是吗？你想他了吗？

断言：无火不生烟。

回应：那要看是谁擦的火柴……

断言：我的整个一生都奉献给你们了。

回应：那么是时候停止了！

断言：你不想再吃点了（某道菜）？你不喜欢我做的东西？

回应：我已经添过一次了。我留点肚子吃甜点。

断言：你们不过是些忘恩负义的家伙！

回应：换句话说说吧！

断言：真是有其父必有其女啊！

回应：是你选的他，所以你早该知道的啊……

断言：你快把我折磨死了……

回应：听你说话的语气，就知道你离死还远着呢。

断言：你不会也要到那么远的地方去生活吧？那我们怎么办？

回应：你们会继续生活的，你们等着瞧吧。

断言：做早午餐太贵了。再说，也过时了！

回应：我的天啊，过时了？真应该早点对我说，我就不会再请你了！

断言：你一点儿品位也没有！

回应：确实没有你那样的品位。

断言：我不想要有你这样的女儿！

回应：请相信，我也不想成为你那样的母亲。

断言：你真是够暴躁的！

回应：是的呀！我动不动就生气真是疯掉了……

或许会有其他回应更适合你所处的情形、你当时的心情、你与操纵者间的关系以及正在发生的挑战。由于无法容忍别人认为你无能、蠢笨、自私、自身也是糟糕的家长等念头，这一类型的攻击往往会促使你产生不适宜的情绪反应。你们当中最为外向的人在为自己辩护的过程中，会为了维护自己的尊严而进行反击，想要不惜任何代价为被扭曲的事实恢复原貌。这样的做法是错误的！一方面，你在消耗你的能量；另一方面，你落入了操纵者为其周围的人设置的陷阱之中。设置陷阱给他带来了一种挑衅的乐趣。因此，滋事者并不追求知晓关于你的事实真相，对于你的回应亦无兴趣。他要指责的正是你并没有的缺陷，以及不曾做出的行为。最常见的情况是，他会将自己的所做所想投射到你身上！再者，真相在操纵者眼中并不重要，以至于他可以不断说出自相矛盾的话。今天，他可以对自己的女儿说她对她的孩子们太严厉、苛刻了；而明天他又会觉得她太过放任了。哪一个才是其真正的观点？其实他根本就没有观点！在那一刻，他就是渴望刺痛你、激你做出反应，从而享受自己的权力带来的美味。哪怕为了达到这一目的，他不得不搅乱周围的安宁……

使用一句内心独白

仅是与操纵者发生简单地接触就能令受害者的紧张程度升高。这可能表现为愤怒、沮丧、焦虑、恐惧或是其他的负面情绪。在 0 ～ 10 之间给主观感受的等级打分的话，受害者认为他们负面情绪及情感的激烈程度在 8 ～ 10 之间。然而，当情绪的激烈程度处于这一水平时，脑前额叶区域（让人“有意识地去思考”的那部分区域）便不再被正确地激活。由此带来的结果便是，很多人在面对有毒害性的批评时，无法敏捷巧妙地反驳对方。

我建议你可以紧急使用以下这种方法来对抗心理压力：在脑袋里存一个句子，它能够提醒你，在你对面的、在电话那头的或是给你写信的那位操纵者是个阴险、有毒、差劲、有着病态人格的人。然后，给这个句子附上一道自动指令，以阻止你无法集中注意力或是失去你的重心。以下提供几个例子作为参考：

- 我知道你是什么样的人，但是你并不知道我知道。
- 我已经识破你了。你没法再骗我了！
- 我看穿你的把戏了。它不会再奏效了！
- 现在我了解你了。你再也吓唬不住我了！
- 我看透了你曾经的所作所为。你别想再引起我的怜悯之心了！

由你来找出最适宜你的那个句子。在实际场景中进行测试，评估其在帮助你控制情绪方面的有效性。如果你情绪的激烈程度从一开始就没有达到 8 ～ 10 分，则证明它是有效的。请不要期待着能够消除所有的负面情绪，让自己重回 0 分的状态。确实，我认为在面对此类有毒之人时最好保持一定的警觉性，即使这个人是你的父亲或母亲。你的真实和率直此时已不再适宜，今后也不会变得适宜。

这句内心独白应当是无声的，且永远都不可向操纵者透露。那是你的秘密武器。

列出一张“解决情况”清单

根据具体情况，也会有其他恰当的解决方法。如此，马蒂娜经过两期的治疗培训后（14 次课时的自我肯定及自我尊重小组练习，外加一次题为“面对操纵者”的研修班），实施了一系列具体的策略：

我对自己的事情和行为越来越不动声色。

在乡下度过的整个夏季里，我为我母亲雇用了一个女伴，我自由多了。

我做到了坚定地对她阐述我的看法，那是涉及人际关系的两个话题（与我姐姐之间，还有与姐姐的女伴之间）。

我减少了与母亲之间的接触。例如，在她未事先问过我是否想要的前提下，我不再接受她在隆冬时节给我买的草莓。我收集有待与其探讨的主题。我得是一名技艺精湛的表演平衡的杂技演员，小心翼翼地避免惹她不高兴，因为那也不是我的意图所在。

我是这样来使用理性情感策略下的新逻辑思维的：“我母亲在她的整个一生中都颇受宠爱，从今以后她不会再得到那么多宠爱了。”这个句子是我的姐姐索菲建议给我的（索菲在本书中亦分享过她的案例——作者注），它较为有效，因为它能让人不那么容易受到操控，随后产生负罪感。或者，我对自己说：“尽管她87岁了，也还是该让她多自立一些：她尚头脑清楚、腿脚灵便，所以如果她真的想，她是能做到的……”

为了在空间上远离她以及住着我们家庭的这栋大楼（我们的房子只相隔两层楼），我重新计划起搬家来。我不是第一次产生这样的念头，我相信自己能做到的，只是这并不容易。

以上可作为“解决情况”清单的一个参考样例。每个人都应当列出自己的那份清单。

真正的重生

控制型家长不会帮助孩子正确地树立自尊（除非涉及独生子女）。当然，其他并不具有自恋型变态人格的父母在这个问题上也同样可能犯错。无论如何，对于正在渐渐长大的孩子而言，艰难的精神和情感生活也正悄然形成。所以，在操纵者们（母亲，或更糟的情况是父亲）的成年孩子身上，经常能够发现严重的自尊障碍。我们认为在自尊这一概念中，包括了自爱、自信、自我评价以及对个人形象的认知。前三个要素是基础，在童年时期便已形成。对个人形象的认知不仅关系到外貌、关系到接纳自己本来的样子，还关系到个人展现的社会形象。

自爱表现为对自己无条件的尊重。我存在于这片土地上，那么我就和其他人一样有价值。我值得拥有幸福、值得被尊敬。如果我发自内心地重视自己的完整性，那么我会自我尊重，不会任由任何人（哪怕那是我的父母或者伴侣）毁了我（无论在精神上还是肉体上）。我会照顾好自己：我的身体、精神、情感及情绪状态，还有我所处的环境。

自我评价是我对自己的品质、天赋、才能，以及缺点和不足的主观认识。换言之，我明确且正确地了解自己的优点和缺点。我甚至可以将它们列举出来。如果我对自己有正确的评价，我不会低估自己的优点，而夸大自己的不足或缺点的数量。我能够正面地看待自己多于负面地看待自己。我不会像操纵者那样编造一些自己并不具备的品质。意识得到自己的优势所在，能够让我不纠结于无用的情绪，而去发挥优势为人类群体所用。正确的自我评价能够让我在受到批评，甚至反之获得称赞时，不会因羞愧而崩溃（出于放错了位置的完美主义）。我能够在说起自己时不带情绪，也不自吹自擂，尤其是在应聘面试之中。

自信是在并不一定绝对具备相应能力的情况下，我对自己的行动、学习和应对新局面的能力的认知。换言之，如果我不会做某件事，但是还是尝试去做它（这时便是自信在发挥作用），我将会获得经验。所以，我是准备好了去历经学习过程中的每一步的。自信主要从大量的实践经验中获得，也就是说从过去的行为之中获得。如果我的父母阻止我去获取本来可能获得的许多经验，那么我将无法获得足够的信心。然而，多亏了我在人生道路上遇到的人，以及青春期里的一些新体验，自信不足是可以得到弥补的。如果成年之后，我仍旧不够自信，那我将无法在面对新形势时勇敢地去行动。相反，我会不作为，转而请求其他人替我去做。于是，50 年之后，除了在职业领域之外，我还是做不了什么大事，自信心仍旧不曾增强。想要摆脱这一困境，重新启动获得自信的路径，就要强迫自己活跃起来，去应对新事物，去拥抱不确定、心狂跳的感觉。参照“操作手册”、寻求建议、请人监督你（而不是代替你）来完成一项新任务。换言之，要抱着“娱乐自己”的心态去应对日常生活中的技术挑战，去敢于同陌生人攀谈，这也是人际关系挑战的一部分。即使你畏惧失败，也要努力重新恢复这部分从童年或青春期起便中断了的成长。

控制型家长会去损害孩子的自尊构成四要素中的某一个。而有时，甚至会损害全部要素。跟随一位自尊重建的专业治疗师进行学习和训练[1]将会对你很有帮助。这是最好的治愈和康复的方法之一。

---

1 我同样建议你阅读我的书：《接近其他人，真有那么难吗？》（*Approcher les autres，est-ce si difficile?*），Éditions de l'Homme 出版社，2004 年出版。

安妮当时想要治好这一不幸之事给她生活带来的影响，她成功了：

了解到我的父母患有人格障碍之后，我摆脱了当时仍时常浮现的负罪感：我并未做过任何应当内疚之事！另外，我放下了内心的愤怒，他们是不会改变的，因为他们意识不到自己的问题……现在这事在我这里已经过去了。

过去，我一直相信自己的能力。而现在，我还懂得要去关照自己在自我评价以及自爱方面的缺陷。生活很美好！

为了开始真正的生活、开始做回你自己，而不感到受到了有毒之人的威胁，我建议你同时去进行这些尝试。找一位专业且有效的治疗师陪伴你一段时间，以防止你在成长过程中受到负罪感的入侵和阻碍。

并且，尤其不要再容忍有害身心的关系了！

结 语

我们的信仰是可供操纵者播种的肥沃腐殖土。控制型家长让人以为他在供子女成长的那块土地里施下肥料，帮助孩子长大、绽放、变得坚实有力。而实际上，他洒下的却是毒药。但并非所有毒药都能置人于死地。所幸，存在着一些天生抵抗力强的土壤，一些能抵御住所有破坏分子的有机体。当然，这些有机体在某一段时间里会不稳定、变得衰弱乃至病倒，但突然有一天，它们重新爆发出令人意想不到的力量，去对抗起那些毒害因素。就像这样，每个孩子将根据自己的性格、脾气、感知、对生命的冲动以及个人的价值观来奋起反击。

如果我们终于下定决心从中挣脱出来，那么那些令人窒息的人和事也只能持续一段时间。人类拥有着必要的资源去支撑自己从痛苦中彻底走出来、重新健康地生活。还应当识别出某种可能存在的思维图式，它同样有毒，能够阻碍你去改变。以下便是一个：“我们的过去相当重要，已经深深影响到我们的人和事，不免在我们的整个一生中继续影响我们。”这是美国心理学家阿尔贝·埃利斯揭示的一种认知图式。它将一种影响转变为了一种决定论，就这样圈定了我们的命运。这正是陷阱所在。

这一想法很常见——家长实施的精神虐待所带来的后遗症，夺走了我们拥有一个光明且幸福的未来的全部希望。如若我们坚持这一信仰，我们就剥夺了自己去探索另一种生活——我们自己的生活的权利。自打我们出生起，控制型家长便有意识或无意识地赋予了自己定义我们的权利。他这样做全凭自己的意愿，以及是否满足了其以自我为中心的需求。然而，通过上述思维图式，我们自己便说服了自己，甚至不去通过真实的考验来证明我们根本不是预言中的那个样子！

从现在起，该由你来决定不再对控制型家长听之任之了。你知晓了他的病态本质，明白其所作所为与你内在那个真实的自己毫不相关。

此外，我们偶尔会发现存在着这样一些家庭，其中有多位家庭成员拥有自恋型人格。基因或遗传因素是否能够解释此类病态人格的存在（甚至在部分家庭中的扩大化！）？目前尚未有任何研究论证了这一点。在本作品问世的这一时刻，尚未有足够的预算去支持纵向的科学研究。我并不怀疑终有一天能够推进此类研究……尽管缺乏科学解释，我们依然能观察到的是，在一些家庭中，家谱的多个层级里都发现了这一病态特性。所以，现如今听到一些当事人揭露他们家庭中的多位操纵者（毫不含糊地符合30种特征清单中的至少14条描述），就并不惊人了。

家长为操纵者的读者或许会问，他们自己的孩子是否也有可能具有相同特性？我无法否认这一可能性，为此我非常抱歉。反之，如果认为由于父母具有自恋型人格，所以自己也会变成操纵者，那是不合理的。这一担忧很常见。我们不希望自己像那个伤害过我们、也给周遭造成了如此多损害的人。在本书中分享过自己的案例的成年人或小孩一点儿也不像他们那超级自恋、没有同情心亦没有爱的父母。

如果你在你的某个孩子身上发现了操纵者的特质，并且你想要告诉我他的具体表现和由此带来的结果，我很乐意听你倾诉。我可以计划在未来写一部案例丰富的关于青少年操纵者的作品，我们可以在更长的期限里去观察他们的发展变化。我指的不是那些在童年的某一阶段里，要手段来使自己的欲望得到满足，或是开始撒谎的孩子们。我所感兴趣的是那些符合操纵者的 30 条标准中至少 14 条的孩子。

我时常听到的另一种担忧是嫁给了一个控制型丈夫或者娶了一位控制型妻子。在很长一段时间里，心理学（此处指精神分析学）都想要强加一个因果关系于其中。换句话说，推论是，如果你有一位病态的家长，你一定会无意识地希望在选择伴侣时“修补”这一情况，然而选出来的未来伴侣却往往同样也是病态的。如果按照这一解释，正因为你很了解操纵者的处事作风，所以你将再次和一位操纵者生活到一起。我在临床上完全没有观察到这一现象：大量操纵者的孩子的结婚对象或长期同居伴侣都是行为既不病态也不具有毁坏性的正常男女。再者，我们并不掌握能够证明这一论断的真实数据，在我看来，这一论断不过是纯理论的。相反，我发现我遇到的与自己的控制型伴侣保持着长期关系的当事人当中，大约 60% 的人确实拥有着相同人格的父母。该比例有待进一步考证，可通过询问每一位夫妻关系中的受害者来实现。几十年来，我拥有着数量可观的当事人，但是我承认我疏忽了应当组织一个成体系的调研程序，以便得到一个明确的答案，要么证实，要么就推翻我在临床中的感受。纯理论推测在我们这一主题中并无任何益处。

最后，我想推翻以下信仰的正确性：“我们无法给予我们不曾得到的东西。”当然，这一表达很漂亮，听起来也好听，但它是错误的！数十万控制型家长（甚至是具有变态人格的家长）的孩子在面对他人时都能够表现出同情心还有真诚的慷慨，且自己也成了可爱的、懂得尊重的、发自内心地关怀孩子的父母。为此，他们并未付出特别的努力，因为这对于他们而言是自然而然的……是的，我们可以在未曾收到爱的情况下慷慨地付出爱！但愿大家最终都认可了这一点……